项目名称：基于大语言模型的《解析几何》课程创新改革与实践（J20241272）
项目名称：数字赋能下数值分析与课程思政深度融合研究（J20241267）
项目名称：随机种群动力学模型的定性研究（2024L329）

线性代数与数值分析融合基础及实践应用

常丑娥　李新云　◎著

天津出版传媒集团

天津科学技术出版社

图书在版编目（CIP）数据

线性代数与数值分析融合基础及实践应用 / 常丑娥，李新云著. -- 天津：天津科学技术出版社，2024.9.
ISBN 978-7-5742-2491-9

Ⅰ. O151.2；O241

中国国家版本馆CIP数据核字第20247RU815号

线性代数与数值分析融合基础及实践应用
XIANXING DAISHU YU SHUZHI FENXI RONGHE JICHU JI SHIJIAN YINGYONG

责任编辑：刘　鸫

责任印制：兰　毅

出　　版：	天津出版传媒集团 天津科学技术出版社
地　　址：	天津市和平区西康路35号
邮　　编：	300051
电　　话：	（022）23332377
网　　址：	www.tjkjcbs.com.cn
发　　行：	新华书店经销
印　　刷：	河北万卷印刷有限公司

开本 710×1000　1/16　印张 13　字数 240 000
2024年9月第1版第1次印刷
定价：88.00元

前 言

尊敬的读者，当您手持本书时，您已经准备好踏入线性代数与数值分析融合的广阔和多彩的世界。在这本专著《线性代数与数值分析融合基础及实践应用》中，作者致力于探讨这两个数学领域如何交织在一起，这本书不仅支持理论研究的深入，更在各种应用领域中展现出强大的实践价值。这本书是为那些渴望深入理解现代数值方法和线性代数理论，并将其应用于解决实际问题的学生、教师和从业人员准备的。

随着计算技术的飞速发展和大数据时代的到来，线性代数和数值分析的重要性日益凸显。从机器学习的算法优化到复杂网络的数据处理，从工程计算的精确模拟到科学研究的深入分析，这些数学工具不断地为人们提供解决方案，帮助人们在复杂的数据海洋中导航。因此，深入理解这些工具的原理和方法，学会灵活运用它们来解决具体问题，将是每一个科技工作者的必备技能。

本书的内容结构旨在提供从基础理论到高级应用的全面视角。

第1章引论与基础概念对线性代数与数值分析的基本概念和历史背景进行了系统的回顾和介绍，为读者提供了坚实的学术基础。随后，本书逐步引导读者探索这些基础知识如何应用于解决具体的实际问题，如线性方程组的求解、特征值问题的分析，以及更复杂的函数插值和数值积分等问题。介绍了线性代数与数值分析的基础概念，提供了两者在融合视角下的整体框架，并引入了线性方程组与数值方法的基本理论，为后续章节奠定了理论基础。

第 2 章探讨了线性方程组的数值解法，包括高斯（Gauss）消元法、矩阵的三角分解、向量与矩阵的范数及其在误差分析中的作用，并介绍了非线性方程组的牛顿迭代法。

第 3 章涵盖了乘幂法与反幂法的基础原理及应用，深入探讨了 Jacobi 方法在特征值求解中的具体应用，同时对 QR 方法的理论基础及其在特征值计算中的关键作用进行了详细分析。这些内容为解决复杂矩阵的特征值问题提供了有效的数值方法。

第 4 章重点讲解了函数插值的基本方法，包括拉格朗日（Lagrange）插值、牛顿（Newton）插值、埃尔米特（Hermite）插值、分段插值与三次样条插值，并探讨了这些方法的实际应用。

第 5 章讨论了数值积分与数值微分的基础内容，涵盖了数值积分公式、插值型求积公式、复化求积法、变步长求积法及高斯求积公式等，展示了数值微分的基本概念与应用。

第 6 章深入研究了常微分方程与偏微分方程的数值解法，介绍了龙格-库塔（Runge-Kutta）法、线性多步法及椭圆形方程的数值解法，并分析了这些方法的收敛性与稳定性。

第 7 章特别强调了这些数学工具在多个领域中的实际应用，如现代工程与科学计算、物理工程、数据分析与计算机图形学等。通过这一章，读者可以看到线性代数与数值分析如何在不同领域中解决特定问题，如何通过具体的数值模型和算法来提高解决问题的效率和精度。

第 8 章探讨了线性代数与数值分析的前沿应用，并通过具体案例研究展示了这些工具在新兴领域中的潜力。

在撰写本书的过程中，作者深深感知到这个主题的广阔和深奥，也体会到将这些复杂的理论和方法准确地传达给读者的挑战。作者努力使每个概念都得到清晰的解释，使每个算法都通过具体的例子进行演示，以期使本书不仅能成为学术界的参考资料，更能成为专业人士的实用指南。

本书由忻州师范学院常丑娥、李新云共同撰写完成。具体分工如下：常丑娥负责第四章至第六章和第八章的内容（共计11.9万字）；李新云负责第一章至第三章和第七章的内容（共计12.1万字）。全书由常丑娥负责完成统稿工作。

希望本书能够成为您理解和应用线性代数与数值分析的可靠指南。无论您是数学、科学还是工程领域的学生，都能在本书中找到提升自己专业技能的资源。同样地，对于那些在业界寻求数学方法来优化和创新的专业人士，本书同样提供了宝贵的知识和启示。

目　录

第1章　引论与基础概念　/　1

1.1　融合视角下的线性代数与数值分析　/　3

1.2　线性代数与数值分析的核心概念　/　6

1.3　线性方程组与数值方法的基本理论　/　15

1.4　线性代数与数值分析的应用简介　/　22

第2章　线性方程组的数值解法基础　/　29

2.1　线性方程组的高斯消元法　/　31

2.2　矩阵的三角分解及其在方程解法中的应用　/　37

2.3　向量和矩阵的范数及其重要性　/　42

2.4　方程组的性态与误差分析基础　/　49

2.5　非线性方程组的牛顿迭代法——校正算法　/　56

第3章　矩阵特征值问题的数值方法　/　61

3.1　特征值的乘幂法与反幂法基础　/　63

3.2　雅可比方法在特征值问题中的应用　/　69

3.3 QR 方法及其在计算特征值中的重要性 / 73

第 4 章 函数插值基础与方法 / 79

4.1 插值问题的基本概念与拉格朗日插值 / 81

4.2 牛顿插值 / 86

4.3 埃尔米特插值 / 89

4.4 分段插值与三次样条插值 / 96

第 5 章 数值积分与数值微分的基础 / 103

5.1 数值积分公式及其代数精度 / 105

5.2 插值型求积公式与牛顿-科茨公式 / 108

5.3 复化求积法与变步长求积法 / 115

5.4 高斯求积公式与数值微分概述 / 121

第 6 章 常微分方程与偏微分方程的数值解法 / 129

6.1 常微分方程数值解法的基础 / 131

6.2 龙格-库塔法与线性多步法 / 133

6.3 椭圆形偏微分方程的数值解法 / 136

6.4 微分方程隐式欧拉法的收敛性与稳定性 / 140

第 7 章 线性代数与数值分析在实践中的应用 / 147

7.1 线性系统在现代工程与科学计算中的应用 / 149

7.2 特征值问题在物理工程中的应用 / 152

7.3 插值与数值逼近在数据分析与计算机图形学中的应用 / 154

7.4 数值积分与数值微分在环境科学与金融工程中的应用 / 160

第8章 前沿应用与案例研究 / 163

8.1 高性能计算在线性代数与数值分析中的应用 / 165

8.2 机器学习与人工智能中的数值方法 / 169

8.3 数值方法在生物信息学中的应用 / 175

8.4 数值方法在临床试验设计和个性化医疗中的应用 / 180

8.5 复杂系统模拟与微分方程的应用 / 181

参考文献 / 187

第 1 章 引论与基础概念

1.1 融合视角下的线性代数与数值分析

1.1.1 线性代数概述

线性代数作为一门基础且经典的代数学科,是许多高等教育领域(包括理工科和经济管理科)的关键基础课程[1]。线性代数重点在于探讨线性关系及其构成的理论体系,涵盖了线性方程组、矩阵理论、行列式、向量之间的线性依赖与独立、向量空间、线性映射、矩阵的特征值与特征向量、矩阵对角化以及二次型等主题。线性代数的应用领域广泛,众多技术问题,如线性规划问题、电子电路设计、隐蔽通信、计算机视觉处理等,均可通过线性模型进行分析和解决。线性代数不只是数学及相关专业的基石,也是自然科学、工程技术、经济管理等多个学科的基础,为学生后续的学术与研究工作奠定了坚实的数学基础。它将理论知识、计算技能与实际应用相结合,为解决跨学科领域的问题提供了一套通用的分析和解决方法,在科学研究和实际操作中占据着不可或缺的地位。

1.1.2 数值分析概述

数值分析,也称数值计算,是数学学科的一个分支,更加注重数值解的获取和分析。数值分析采用数值方法来解决各类数学问题,通过数值运算获得问题的数值解决方案。因为其研究核心围绕数学问题,运用的技术手段也基于数学,所以数值分析被看作数值数学。数值分析泛指该领域的整体研究,而具体通过数值运算解决数学问题的技术称作数值方法。若这些方法能够在计算机上执行并成功实现,则被称为数值算法。

---

[1] 陈玉文,嵇绍春,钱树华,等.线性代数[M].2版.南京:南京大学出版社,2019:209.

数值分析虽然以数学问题为研究核心,但与纯粹数学不同,它不是只关注数学理论本身,更注重理论与计算的结合,是一门专注于数值方法及其理论基础研究的学科[①]。数值分析不仅仅是将各种数值方法进行简单的列举或堆砌,而是一个拥有丰富内容、深刻研究方法和独立理论体系的学科。数值分析集纯粹数学的高度抽象和严谨性,应用数学的广泛适用性,以及实验的技术性于一体,是一门与计算机应用紧密相关、应用性极强的学科。它致力于利用计算工具解决数学问题,这些问题限定在数值问题范围内,即将一组数值数据(通常为实数)作为初始数据,从而求解另一组数值数据。这种问题从本质上揭示了两组数据之间的确定性关系,例如,函数的求值和方程的求解等典型数值问题都属于数值分析。

数值分析作为数学学科的一个分支,其发展根植于数学的发展史,早期的数值计算研究可追溯至数学的起源。例如,在公元前2000年左右,古巴比伦人已经开始探索二次方程的求解方法。在我国,古代数学家刘徽通过割圆术计算出圆周率 π 的近似值,后来数学家祖冲之以更高的精度计算出 π 值,这些成就是数值计算研究的早期里程碑。数值分析的理论框架和方法论是在长期处理数值问题的实践中逐渐建立和完善的。在电子计算机发明之前,这一领域的理论和方法发展缓慢,甚至长时间陷入停滞状态,主要是因为缺乏足够强大的计算工具来处理复杂的计算任务。

随着科学技术的不断进步,更多复杂的数值计算需求出现了,这些需求超出了手工计算的能力范围,必须依赖电子计算机的快速精确处理能力。在当今世界,数值分析被广泛应用于多个领域,包括但不限于天气预测、工程设计、流体力学计算、经济规划与预测,以及国防领域的核武器研发和导弹、火箭的设计、发射等。电子计算机的出现极大地推动了数值分析学科的发展,也使得研究重心转向了开发适用于计算机的程序和算法。从学科内容上看,数值分析涵盖了以下三方面的内容:①数值逼近,涉及函数插值、函数逼近与曲线拟合、数值积分和数值微分等;②数值代数,包括线性

---

① 管俊峰,姚贤华. 水泥土桩复合地基特性的静动试验及数值分析[M]. 北京:中国水利水电出版社,2019:216.

代数问题、方程组求解、特征值问题,以及非线性方程和方程组的数值方法;③微分方程的数值解法,包括常微分方程和偏微分方程的数值解问题。

数值算法是数值问题求解时的计算步骤,数值算法对应的实际模型的解答思路如图 1-1 所示。

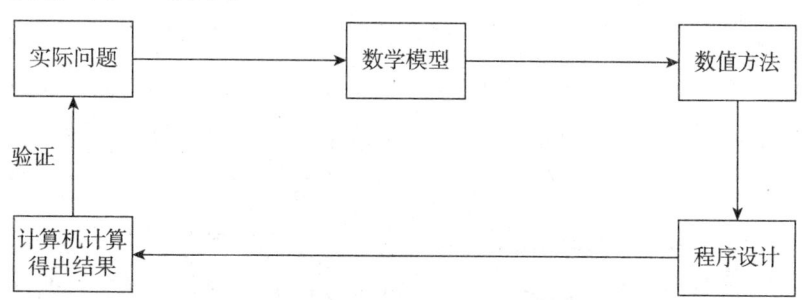

图 1-1 数值算法对应的实际模型的解答思路

1.1.3 线性代数与数值分析的关系

线性代数和数值分析作为现代数学的两大重要分支,它们在理论框架、方法论,以及应用实践中展现出深度的相互联系与互补性。线性代数提供了一套完善的理论体系和数学工具,包括向量空间、矩阵理论、线性方程组的求解、特征值与特征向量等。这些不仅在理论数学研究中占有基础地位,也是许多科学和工程问题分析的基石。特别是在处理多变量系统和多维数据时,线性代数的工具和方法展现出不可替代的价值。而数值分析,作为解决数学问题的数值方法,关注如何通过计算机实现这些理论的近似求解。在许多实际应用中,尤其是当问题的规模庞大或模型复杂到无法直接求得解析解时,数值分析提供的算法和技术成为桥梁,连接理论模型与实际可操作的解决方案。

在这一过程中,数值分析依赖于线性代数的结构和原理来设计和优化算法。例如,线性方程组的数值求解方法,如高斯消元法、迭代法等,都深刻地依托线性代数的理论基础。同时,在处理数值稳定性和误差分析时,线性代数提供的特征值分析等工具,对于理解和改进算法性能至关重要。此外，线性代数中的矩阵理论在数值分析中应用广泛，特别是在有限元分析、信号处理、图像压缩等领域，矩阵的操作和变换是核心计算过程的基础。

数值分析的发展推动了线性代数理论的应用和进一步深化。随着计算机技术的飞速进步，数值分析能够处理的问题的规模和复杂度大幅提升，这促使线性代数领域针对大规模矩阵和高维向量空间问题的研究得到新的发展。例如，稀疏矩阵理论、大规模线性系统的迭代求解技术等，都是在数值分析需求驱动下，线性代数领域的重要研究方向。同时，数值分析中关于算法效率和稳定性的研究，反过来促进了线性代数在相应领域的理论创新。在教育和研究实践中，线性代数和数值分析的紧密结合体现了现代数学教育的一个重要趋势——理论与实践的结合。在许多高等教育机构中，线性代数和数值分析常常被设计为相互关联的课程，目的在于让学生不仅能够掌握数学理论，更能够将这些理论应用于解决实际问题。通过这样的课程设计，学生能够更好地理解理论背后的实际意义，同时能够培养解决复杂问题的计算思维和技能。线性代数和数值分析之间的关系是多层次、多维度的。它们不仅在数学理论上相互支持和补充，也在应用实践中相互促进和深化。这种深入的交融不仅推动了数学科学的发展，也为工程技术、自然科学乃至社会科学等领域的研究提供了强有力的数学工具和方法论基础。

1.2 线性代数与数值分析的核心概念

1.2.1 线性代数的核心概念

线性代数的核心概念包括线性方程组、矩阵、向量与向量空间，以及二次型。

1. 线性方程组

线性方程组是线性代数的核心概念之一，线性方程组还是科学研究、工程技术以及经济领域常用的工具。这些领域中的许多问题，如线性规划问题、设计电路问题、产品的投入与回报问题等，都可以使用线性方程组的相关知识进行分析并得出结论。

（1）线性方程的定义。线性方程是指包含未知量 $x_1, x_2, \cdots, x_n$ 的一次幂的方程，例如，

$$a_1 x_1 + a_2 x_2 + \cdots + a_n x_n = b \tag{1-1}$$

在这个线性方程中，b 是常数，是线性方程的常数项；$a_1, a_2, \cdots, a_n$ 是线性方程的未知量的系数；下角标 n 是正整数，代表线性方程中未知量的个数。

（2）线性方程组的定义。线性方程组是由一个或者多个包含相同未知量 $x_1, x_2, \cdots, x_n$ 的线性方程组合到一起形成的，例如，

$$\begin{cases} a_{11}x_1 + a_{12}x_2 + \cdots + a_{1n}x_n = b_1 \\ a_{21}x_1 + a_{22}x_2 + \cdots + a_{2n}x_n = b_2 \\ \vdots \\ a_{m1}x_1 + a_{m2}x_2 + \cdots + a_{mn}x_n = b_m \end{cases} \tag{1-2}$$

在这个线性方程组中，b_i 是第 i 个线性方程的常数项；$a_{ij}(i=1,\cdots,m; j=1,\cdots,n)$ 是第 i 个线性方程中第 j 个未知量的系数；下角标 m，n 都是正整数，分别表示式（1-2）中线性方程的个数和未知量的个数，需要注意的是，正整数 m 和 n 没有相关关系。

（3）线性方程组的类型。线性方程组分为两种类型：n 元齐次方程组和 n 元非齐次方程组。n 元齐次方程组中 $b_1, b_2, \cdots, b_m$ 全为零，例如，

$$\begin{cases} a_{11}x_1 + a_{12}x_2 + \cdots + a_{1n}x_n = 0 \\ a_{21}x_1 + a_{22}x_2 + \cdots + a_{2n}x_n = 0 \\ \vdots \\ a_{m1}x_1 + a_{m2}x_2 + \cdots + a_{mn}x_n = 0 \end{cases} \tag{1-3}$$

而 n 元非齐次方程组中 $b_1, b_2, \cdots, b_m$ 不全为零。

(4)线性方程组的解。如果将一组数 $x_1=c_1, x_2=c_2,\cdots,x_n=c_n$ 代入方程组(1-2)后可以满足所有方程,那么数组 $c_1,c_2,\cdots,c_n$ 为方程组(1-2)的一个解(也叫解向量)。线性方程组分为有解的线性方程组和无解的线性方程组,有解的线性方程组是相容的,无解的线性方程组是不相容的;有解的线性方程组所有解的集合叫作线性方程组的解集合(也叫解集)。拥有相同解集的两个线性方程组为同解方程组(也叫等价方程组);而表示线性方程组的全部解的表达式叫作通解;齐次线性方程组一定有零解(每个未知量都为0),但是不一定有非零解。

2. 矩阵

矩阵代表了数学中一种复杂的结构形式,是线性代数领域的核心之一,对于该领域的理论探索具有不可替代的重要性[①]。在人们的日常生活与社会各领域内,各式的矩形数字阵列会被频繁地应用,如学生的成绩表、企业的生产值记录、工厂的产量统计等。在进行科学研究及解决实际问题时,众多数据常需被处理。通过矩阵的形式,可以批量处理这些数据,便于运用计算机进行有效的科学分析与处理。例如,现有A、B、C和D四名学生的数学成绩表,见表1-1。

表1-1 A、B、C和D四名学生的数学成绩表

学生姓名	模拟一/分	模拟二/分	模拟三/分	模拟四/分	模拟五/分
A	95	90	88	91	85
B	88	90	90	89	93
C	90	85	78	82	88
D	81	83	90	75	90

忽略学生姓名和模拟场次,其余数据可以使用矩阵的方式表示出来:

---

① 赵教练. 线性代数[M]. 南京:南京大学出版社,2020:190.

$$\begin{bmatrix} 95 & 90 & 88 & 91 & 85 \\ 88 & 90 & 90 & 89 & 93 \\ 90 & 85 & 78 & 82 & 88 \\ 81 & 83 & 90 & 75 & 90 \end{bmatrix}$$

由 $m \times n$ 个数字 $a_{ij}(i=1,\cdots,m; j=1,\cdots,n)$ 排列而成的 m 行、n 列的数表：

$$\begin{bmatrix} a_{11} & a_{12} & \cdots & a_{1n} \\ a_{21} & a_{22} & \cdots & a_{2n} \\ \vdots & \vdots & & \vdots \\ a_{m1} & a_{m2} & \cdots & a_{mn} \end{bmatrix} \quad (1-4)$$

被定义为 m 行 n 列的矩阵或 $m \times n$ 矩阵（简称矩阵），其中横排被称为矩阵的行，竖排被称为矩阵的列；$m \times n$ 个数字被称为矩阵的元素，简称元；$m \times n$ 矩阵一般用大写字母表示，如 $\boldsymbol{A}_{m \times n}, \boldsymbol{B}_{m \times n}$，也可以使用如 $\boldsymbol{A} = \left(a_{ij}\right)_{m \times n}$ 的形式表示。若矩阵中所有元素都是实数，则称这个矩阵为实矩阵；若元素中存在复数，则称这个矩阵为复矩阵。

线性变换和矩阵之间存在一一对应的关系，例如，

$$\begin{cases} y_1 = a_{11}x_1 + a_{12}x_2 + \cdots + a_{1n}x_n \\ y_2 = a_{21}x_1 + a_{22}x_2 + \cdots + a_{2n}x_n \\ \vdots \\ y_m = a_{m1}x_1 + a_{m2}x_2 + \cdots + a_{mn}x_n \end{cases} \quad (1-5)$$

式（1-5）表示变量 $x_1, x_2, \cdots, x_n$ 到变量 $y_1, y_2, \cdots, y_m$ 的线性变换，其中 a_{ij} 是线性变换的系数，则由 a_{ij} 组成的矩阵可以记为 $\boldsymbol{A} = \left(a_{ij}\right)_{m \times n}$，也被称作线性变换的系数矩阵。在线性变换确定后，其对应的系数矩阵也随之确定，反之亦然。故而，线性变换和矩阵之间存在一一对应的关系。人们可以利用矩阵来研究线性变换，反之亦然。

3. 向量与向量空间

（1）向量。只有一行的矩阵被称为行向量，只有一列的矩阵被称作列

向量，这两种向量都是矩阵的特殊类型。①

所谓 n 维向量，是指由 n 个数 $a_1,a_2,\cdots,a_n$ 组成的有序数组，这 n 个数被称为该向量的 n 个分量，第 i 个数 a_i 称作第 i 个分量。行向量和列向量的本质都是有序数组，故而两者只是称呼不同，在没有声明是行向量还是列向量时，向量被默认为列向量。每个分量都为 0 的向量是零向量，记为 $\mathbf{0}$；全体 n 维向量构成的集合，记为 $\mathbf{R}^n$。

若已知两个 n 维向量 $\boldsymbol{\alpha}=(a_1,a_2,\cdots,a_n)^{\mathrm{T}}$，$\boldsymbol{\beta}=(b_1,b_2,\cdots,b_n)^{\mathrm{T}}$，则两个向量之间进行加减运算后得到的结果为

$$\boldsymbol{\alpha}\pm\boldsymbol{\beta}=(a_1\pm b_1,a_2\pm b_2,\cdots,a_n\pm b_n)^{\mathrm{T}}$$

数 k 与向量 $\boldsymbol{\alpha}$ 进行数乘运算后得到的结果为

$$k\boldsymbol{\alpha}=(ka_1,ka_2,\cdots,ka_n)^{\mathrm{T}}$$

多个 n 维向量之间的运算规则如下：

① $\boldsymbol{\alpha}+\boldsymbol{\beta}=\boldsymbol{\beta}+\boldsymbol{\alpha}$；

② $(\boldsymbol{\alpha}+\boldsymbol{\beta})+\boldsymbol{\gamma}=\boldsymbol{\alpha}+(\boldsymbol{\beta}+\boldsymbol{\gamma})$；

③ $\boldsymbol{\alpha}+\mathbf{0}=\mathbf{0}+\boldsymbol{\alpha}$；

④ $\boldsymbol{\alpha}+(-\boldsymbol{\alpha})=\mathbf{0}$；

⑤ $1\cdot\boldsymbol{\alpha}=\boldsymbol{\alpha}$；

⑥ $(kl)\boldsymbol{\alpha}=k(l\boldsymbol{\alpha})$；

⑦ $(k+l)\boldsymbol{\alpha}=k\boldsymbol{\alpha}+l\boldsymbol{\alpha}$；

⑧ $k(\boldsymbol{\alpha}+\boldsymbol{\beta})=k\boldsymbol{\alpha}+k\boldsymbol{\beta}$。

由若干个相同维数的行向量或列向量组成的集合叫作向量组。例如，$\boldsymbol{\varepsilon}_1=(1,0,\cdots,0)^{\mathrm{T}},\boldsymbol{\varepsilon}_2=(0,1,\cdots,0)^{\mathrm{T}},\cdots,\boldsymbol{\varepsilon}_n=(0,0,\cdots,1)^{\mathrm{T}}$ 就是 n 个 n 维向量，称作 $\mathbf{R}^n$ 的基本单位向量组。

向量组和线性方程组之间存在一定的联系，例如，现有线性方程组如下

---

① 赵教练．线性代数 [M]．南京：南京大学出版社，2020：190.

$$\begin{cases} a_{11}x_1 + a_{12}x_2 + \cdots + a_{1n}x_n = b_1 \\ a_{21}x_1 + a_{22}x_2 + \cdots + a_{2n}x_n = b_2 \\ \qquad\qquad\qquad \vdots \\ a_{m1}x_1 + a_{m2}x_2 + \cdots + a_{mn}x_n = b_m \end{cases} \qquad (1\text{-}6)$$

该线性方程组的系数矩阵 A 可以按列进行分解，不妨设为 $A=(\boldsymbol{a}_1, \boldsymbol{a}_2, \cdots, \boldsymbol{a}_n)$，则其对应的向量组为 $\boldsymbol{a}_1, \boldsymbol{a}_2, \cdots, \boldsymbol{a}_n$，常数项构成的向量为 $\boldsymbol{\beta}=(b_1, b_2, \cdots, b_m)^{\mathrm{T}}$，未知量的列向量为 $\boldsymbol{X}=(x_1, x_2, \cdots, x_n)^{\mathrm{T}}$，则该线性方程组可表示为

$$A_{m \times n} \boldsymbol{X} = \boldsymbol{\beta} \text{ 或 } x_1\boldsymbol{a}_1 + x_2\boldsymbol{a}_2 + \cdots + x_n\boldsymbol{a}_n = \boldsymbol{\beta} \qquad (1\text{-}7)$$

式（1-7）被称为线性方程组（1-6）的向量形式。

（2）向量空间。向量空间的定义：设 V 是 n 维向量构成的非空集合，且满足两个条件：①对任意的 $\boldsymbol{\alpha} \in V, \boldsymbol{\beta} \in V$，有 $\boldsymbol{\alpha} + \boldsymbol{\beta} \in V$；②对任意的 $\boldsymbol{\alpha} \in V, \lambda \in \mathbf{R}$，有 $\lambda\boldsymbol{\alpha} \in V$。称集合 V 是向量空间。

若向量空间 V 中存在 m 个向量 $\boldsymbol{a}_1, \boldsymbol{a}_2, \cdots, \boldsymbol{a}_m$，且这些向量满足条件：① $\boldsymbol{a}_1, \boldsymbol{a}_2, \cdots, \boldsymbol{a}_m$ 之间线性无关；② V 中任一向量都可由 $\boldsymbol{a}_1, \boldsymbol{a}_2, \cdots, \boldsymbol{a}_m$ 线性表示。称向量组 $\boldsymbol{a}_1, \boldsymbol{a}_2, \cdots, \boldsymbol{a}_m$ 为向量空间 V 的一个基，$\boldsymbol{a}_1, \boldsymbol{a}_2, \cdots, \boldsymbol{a}_m$ 均为基向量，基向量的个数 m 被称为向量空间 V 的维度，记为 $\dim V = m$，向量空间 V 也被称为 m 维向量空间。而 0 空间的维数为 0。

4. 二次型

平面二次曲线方程 $ax^2 + bxy + cy^2 = 1$ 的左边便是一个简单的二次型。将其坐标进行旋转变换后可得 $\begin{cases} x = x' \cos\theta - y' \sin\theta, \\ y = x' \sin\theta + y' \cos\theta, \end{cases}$ 接着将交叉项消除，方程可化简为标准形式 $mx'^2 + ny'^2 = 1$。将这个理论延伸到含有 n 个变量的二次型和其化简之中。[①] 例如，含有 n 个变量的二次齐次多项式如下：

---

① 赵教练. 线性代数 [M]. 南京：南京大学出版社，2020：190.

$$f(x_1, x_2, \cdots, x_n) = a_{11}x_1^2 + 2a_{12}x_1x_2 + 2a_{13}x_1x_3 + \cdots + 2a_{1n}x_1x_n +$$
$$a_{22}x_2^2 + 2a_{23}x_2x_3 + \cdots + 2a_{2n}x_2x_n +$$
$$a_{33}x_3^2 + \cdots + 2a_{3n}x_3x_n +$$
$$\vdots$$
$$a_{nn}x_n^2$$

这个含有 n 个变量的二次齐次多项式称作关于 $x_1, x_2, \cdots, x_n$ 的二次型，其中的 $a_{ij}(i,j=1,2,\cdots,n)$ 是二次项的系数。当 $a_{ij}(i,j=1,2,\cdots,n)$ 均为实数时，称 $f(x_1, x_2, \cdots, x_n)$ 为实二次型；当 $a_{ij}(i,j=1,2,\cdots,n)$ 不全为实数时，称 $f(x_1, x_2, \cdots, x_n)$ 为复二次型。

令 $a_{ij} = a_{ji}$，则交叉项 $2a_{ij}x_ix_j(i<j)$ 可以写为 $a_{ij}x_ix_j + a_{ji}x_jx_i$，接着利用矩阵的方法可将二次型表示为

$$\begin{aligned} f(x_1, x_2, \cdots, x_n) &= a_{11}x_1^2 + a_{12}x_1x_2 + a_{13}x_1x_3 + \cdots + a_{1n}x_1x_n + \\ &\quad a_{21}x_2x_1 + a_{22}x_2^2 + \cdots + a_{2n}x_2x_n + \\ &\quad a_{31}x_3x_1 + a_{32}x_3x_2 + a_{33}x_3^2 + \cdots + a_{3n}x_3x_n + \\ &\quad \vdots \\ &\quad a_{n1}x_nx_1 + a_{n2}x_nx_2 + \cdots + a_{nn}x_n^2 \\ &= x_1(a_{11}x_1 + a_{12}x_2 + \cdots + a_{1n}x_n) + \\ &\quad x_2(a_{21}x_1 + a_{22}x_2 + \cdots + a_{2n}x_n) + \\ &\quad \vdots \\ &\quad x_n(a_{n1}x_1 + a_{n2}x_2 + \cdots + a_{nn}x_n) \\ &= (x_1, x_2, \cdots, x_n) \begin{bmatrix} a_{11}x_1 + a_{12}x_2 + \cdots + a_{1n}x_n \\ a_{21}x_1 + a_{22}x_2 + \cdots + a_{2n}x_n \\ a_{n1}x_1 + a_{n2}x_2 + \cdots + a_{nn}x_n \end{bmatrix} \\ &= (x_1, x_2, \cdots, x_n) \begin{bmatrix} a_{11} & a_{12} & \cdots & a_{1n} \\ a_{21} & a_{22} & \cdots & a_{2n} \\ \vdots & \vdots & & \vdots \\ a_{n1} & a_{n2} & \cdots & a_{nn} \end{bmatrix} \begin{bmatrix} x_1 \\ x_2 \\ \vdots \\ x_n \end{bmatrix} \end{aligned}$$

令 $\boldsymbol{x} = \begin{bmatrix} x_1 \\ x_2 \\ \vdots \\ x_n \end{bmatrix}$, $\boldsymbol{A} = \begin{bmatrix} a_{11} & a_{12} & \cdots & a_{1n} \\ a_{21} & a_{22} & \cdots & a_{2n} \\ \vdots & \vdots & & \vdots \\ a_{n1} & a_{n2} & \cdots & a_{nn} \end{bmatrix}$, 则二次型 $f(x_1, x_2, \cdots, x_n)$ 就可以表示为矩阵形式 $f(x_1, x_2, \cdots, x_n) = \boldsymbol{x}^\mathrm{T} \boldsymbol{A} \boldsymbol{x}$, 简写为 $f = \boldsymbol{x}^\mathrm{T} \boldsymbol{A} \boldsymbol{x}$。

1.2.2 数值分析的核心概念

数值分析的核心概念包括插值法、数据拟合与函数逼近，以及数值积分与数值微分。

1. 插值法

插值法是数值分析的基础概念之一，并且在数值积分、数值微分公式的构造等内容中有重要应用，其中插值多项式余项的误差估计的技巧性比较强，掌握这个技巧对于学习数值分析的其他知识有重要意义。数值分析的插值法主要有拉格朗日插值、牛顿插值、埃尔米特插值及三次样条插值这四种。

2. 数据拟合与函数逼近

在科学计算中，经常遇见两种逼近问题、一种是复杂数学函数的逼近问题，另一种是实验数据拟合问题。

对于复杂数学函数的逼近问题，因为计算机只能进行算术运算，故而，在使用计算机计算数学函数时，在有限区间上必须使用其他简单函数来逼近，这时就可以使用多项式或者有理分式来逼近，接着用其代替原来的复杂数学函数进行计算，这类函数逼近的特点是它必须是高精度逼近，同时计算要迅速，也就是说计算量越小越好。

对于实验数据拟合问题，一般会给定函数的实验数据，需要用比较简单的函数来逼近或者拟合实验数据。

3. 数值积分与数值微分

在实际生活中,人们经常会遇见积分问题,牛顿-莱布尼茨(Leibniz)公式 $\int_a^b f(x)\mathrm{d}x = F(x)\big|_a^b = F(b) - F(a)$ 表明,如果被积函数 $f(x)$ 的原函数 $F(x)$ 是初等函数,那么积分是比较容易求出来的。不过,当遇到下面三种情况时就需要使用数值积分的方式:

(1)当被积函数 $f(x)$ 的原函数不好求出时,例如,$\int \frac{\sin x}{x}\mathrm{d}x, \int \frac{1}{\ln x}\mathrm{d}x, \int_0^1 \mathrm{e}^{x^2}\mathrm{d}x$。

(2)当被积函数 $f(x)$ 的原函数非常复杂时,例如,$\int x^2\sqrt{2x^2+3}\,\mathrm{d}x$。

(3)当被积函数 $f(x)$ 没有表达式,只有一个数表时,例如,函数 $f(x)$ 如表 1-2 所示。

表 1-2 函数 $f(x)$

x_i	1	2	3	4	5
$f(x_i)$	4.5	4.9	7	8.1	9.3

要求积分 $\int_a^b f(x)\mathrm{d}x$ 的值需要考虑使用数值积分方法。

数值积分概念中有中值定理和代数精度两个关键的知识点。其中,中值定理是指若函数 $f(x)$ 在区间 $[a,b]$ 上连续,则在区间 $[a,b]$ 上至少存在一点 ξ,使得 $\int_a^b f(x)\mathrm{d}x = (b-a)f(\xi), a \leqslant \xi \leqslant b$。代数精度是指用于测量近似程度的一种方法,其定义如下:若数值求积公式对于不高于 m 次的代数多项式都是准确的,但是对于 $m+1$ 次的代数多项式是不准确的,则这个数值求积公式的代数精度是 m 阶代数精度。例如,对于任意的 m 次多项式 $p(x) = a_0 + a_1x + a_2x^2 + \cdots + a_mx^m$ 都有数值求积公式 $\int_a^b p(x)\mathrm{d}x - \sum_{k=0}^n A_k p(x_k) = \sum_{j=0}^m a_j \left[\int_a^b x^j\mathrm{d}x - \sum_{k=0}^n A_k x_k^j\right]$,此时若想确定代数精度,需要对 $1, x, x^2, \cdots, x^m$ 依次进行验证,若该数值求积公式对于 $1, x, x^2, \cdots, x^m$ 都可以准确成立，但是对于 x^{m+1} 不能准确成立，则称该数值求积公式有 m 阶代数精度。

1.3 线性方程组与数值方法的基本理论

1.3.1 线性方程组的基本理论

线性方程组的基本理论是线性代数的基础，包含三方面：线性方程组的求解方法、线性方程组解的情况判定，以及线性方程组解的结构。

1. 线性方程组的求解方法

线性方程组的求解方法主要是消元法。消元法是指将方程组进行一系列变形后，消去方程组中的部分未知量。在这个过程中，有时会有多余的方程被消掉，直到得到一个更简单、更容易求解的最简方程组。例如，现有如下方程组 I：

$$I:\begin{cases} 3x_1 + 5x_2 + 10x_3 = 6 \\ 2x_1 + 5x_2 + 7x_3 = 3 \\ x_1 + 2x_2 + 3x_3 = 1 \end{cases}$$

解方程组的思路：先消去方程组中的 x_1，接着消去 x_2，这样可以解出 x_3。具体解题过程如下：

$$I \xrightarrow{(1)\leftrightarrow(3)} I_1 : \begin{cases} x_1 + 2x_2 + 3x_3 = 1 \\ 2x_1 + 5x_2 + 7x_3 = 3 \\ 3x_1 + 5x_2 + 10x_3 = 6 \end{cases}$$

$$\xrightarrow[(3)-(1)\times 3]{(2)-(1)\times 2} I_2 : \begin{cases} x_1 + 2x_2 + 3x_3 = 1 \\ x_2 + x_3 = 1 \\ -x_2 + x_3 = 3 \end{cases}$$

$$\xrightarrow{(3)+(2)} I_3: \begin{cases} x_1 + 2x_2 + 3x_3 = 1 \\ x_2 + x_3 = 1 \\ 2x_3 = 4 \end{cases}$$

$$\xrightarrow{(3)\div 2} I_4: \begin{cases} x_1 + 2x_2 + 3x_3 = 1 \\ x_2 + x_3 = 1 \\ x_3 = 2 \end{cases}$$

$$\xrightarrow[(1)-(3)\times 3]{(2)-(3)} I_5: \begin{cases} x_1 + 2x_2 = -5 \\ x_2 = -1 \\ x_3 = 2 \end{cases}$$

$$\xrightarrow{(1)-(2)\times 2} I_6: \begin{cases} x_1 = -3 \\ x_2 = -1 \\ x_3 = 2 \end{cases}$$

因此线性方程组 I 有唯一解 $(-3,-1,2)$，最后可以将这唯一解代入线性方程组中进行验证。

在上述线性方程组的消元求解过程中，方程组 I_3 叫作行阶梯形方程组，因为其自上而下未知量的个数是依次减少的（阶梯形状），$I_4 \sim I_6$ 也属于行阶梯形方程组。行阶梯形方程组 I_3 中的变量 x_1, x_2, x_3 称作主元变量或基本变量，其他变量叫作自由变量（自由未知量），自由变量是可以取任意值的变量，在线性方程组 I 中不含有自由变量。方程组 I_6 叫作行最简形方程组，行最简形方程组是由行阶梯形方程组经过回代变形处理后得到的最简形式的方程组（主元变量的系数都是1），从行最简形方程组中可以直接得到原方程组的解。

2. 线性方程组解的情况判定

解线性方程组的结果一般会出现三种情况：无解、有唯一解或者有无穷多解。

（1）非齐次线性方程组解的情况判定。对于 n 元非齐次线性方程组解的情况判定，有专门的判定定理。例如，现有一含有 m 个方程、n 个未知量的线性方程组如下：

$$\begin{cases} a_{11}x_1 + a_{12}x_2 + \cdots + a_{1n}x_n = b_1 \\ a_{21}x_1 + a_{22}x_2 + \cdots + a_{2n}x_n = b_2 \\ \vdots \\ a_{m1}x_1 + a_{m2}x_2 + \cdots + a_{mn}x_n = b_m \end{cases} \quad (1-8)$$

该线性方程组无解的充要条件是 $R(A) < R(A,\boldsymbol{\beta})$；有唯一解的充要条件是 $R(A) = R(A,\boldsymbol{\beta}) = n$（未知量的个数）；有无穷多解的充要条件是 $R(A) = R(A,\boldsymbol{\beta}) < n$（未知量的个数）。

下面用实例来证明上述定理。设 $R(A) = r$，增广矩阵 $\boldsymbol{B} = (A,\boldsymbol{\beta})$ 的行最简式是 $\overline{\boldsymbol{B}} = (\overline{A},\overline{\boldsymbol{\beta}})$，并且满足

$$\boldsymbol{B} \xrightarrow{r} \overline{\boldsymbol{B}} = (\overline{A},\overline{\boldsymbol{\beta}}) = \begin{bmatrix} 1 & 0 & \cdots & 0 & b_{11} & \cdots & b_{1,n-r} & d_1 \\ 0 & 1 & \cdots & 0 & b_{21} & \cdots & b_{2,n-r} & d_2 \\ \vdots & \vdots & & \vdots & \vdots & & \vdots & \vdots \\ 0 & 0 & \cdots & 1 & b_{r1} & \cdots & b_{r,n-r} & d_r \\ 0 & 0 & \cdots & 0 & 0 & \cdots & 0 & d_{r+1} \\ 0 & 0 & \cdots & 0 & 0 & \cdots & 0 & 0 \\ \vdots & \vdots & & \vdots & \vdots & & \vdots & \vdots \\ 0 & 0 & \cdots & 0 & 0 & \cdots & 0 & 0 \end{bmatrix}_{m \times (n+1)} \quad (1-9)$$

那么原方程组与 $\overline{\boldsymbol{B}}$ 对应的方程组是有相同解的。$\overline{\boldsymbol{B}}$ 对应的方程组如下：

$$\begin{cases} x_1 + b_{11}x_{r+1} + \cdots + b_{1,n-r}x_n = d_1 \\ x_2 + b_{21}x_{r+1} + \cdots + b_{2,n-r}x_n = d_2 \\ \vdots \\ x_r + b_{r1}x_{r+1} + \cdots + b_{r,n-r}x_n = d_r \\ \quad\quad\quad\quad\quad\quad\quad\quad 0 = d_{r+1} \\ \quad\quad\quad\quad\quad\quad\quad\quad 0 = 0 \\ \quad\quad\quad\quad\quad\quad\quad\quad \vdots \\ \quad\quad\quad\quad\quad\quad\quad\quad 0 = 0 \end{cases} \quad (1-10)$$

对比两个方程组，可得

① 若 $R(A) < R(A,\boldsymbol{\beta})$，即 $d_{r+1} \neq 0$，则方程组（1-10）中的方程 "$0 = d_{r+1}$"

是一个矛盾方程,因此方程组(1-10)无解,所以原方程组(1-8)无解。

②若 $R(A)=R(A,\beta)=r<n$,则方程组(1-10)有解。因为 $0=0$ 恒成立,可以不考虑,所以方程组(1-10)有 r 个独立方程,方程组(1-10)可以改写为

$$\begin{cases} x_1 = -b_{11}x_{r+1} - \cdots - b_{1,n-r}x_n + d_1 \\ x_2 = -b_{21}x_{r+1} - \cdots - b_{2,n-r}x_n + d_2 \\ \quad\quad\vdots \\ x_r = -b_{r1}x_{r+1} - \cdots - b_{r,n-r}x_n + d_r \end{cases}$$

接着取方程组中的 r 个变量 $x_1,x_2,\cdots,x_r$ 为主元变量,则剩下的 $n-r$ 个变量 $x_{r+1},x_{r+2},\cdots,x_n$ 是自由变量。令自由变量 $x_{r+1}=c_1,x_{r+2}=c_2,\cdots,x_n=c_{n-r}$,参数 $c_1,c_2,\cdots,c_{n-r}$ 可以取任何值,因此方程组(1-10)有无穷多解,将通解写成如下向量的形式:

$$X = \begin{bmatrix} x_1 \\ x_2 \\ \vdots \\ x_r \\ x_{r+1} \\ x_{r+2} \\ \vdots \\ x_n \end{bmatrix} = c_1 \begin{bmatrix} -b_{11} \\ -b_{21} \\ \vdots \\ -b_{r1} \\ 1 \\ 0 \\ \vdots \\ 0 \end{bmatrix} + c_2 \begin{bmatrix} -b_{12} \\ -b_{22} \\ \vdots \\ -b_{r2} \\ 0 \\ 1 \\ \vdots \\ 0 \end{bmatrix} + \cdots + c_{n-r} \begin{bmatrix} -b_{1,n-r} \\ -b_{2,n-r} \\ \vdots \\ -b_{r,n-r} \\ 0 \\ 0 \\ \vdots \\ 1 \end{bmatrix}$$

所以原方程组(1-8)有无穷多解。

③若 $R(A)=R(A,\beta)=r=n$,即 $d_{r+1}=0$ 或 d_{r+1} 不出现,并且 $b_{ij}(i=1,\cdots,r;j=1,\cdots,n-r)$ 没有出现,则说明方程组(1-10)中不存在自由变量,此时方程组(1-10)可以写成

$$\begin{cases} x_1 = d_1 \\ x_2 = d_2 \\ \quad\vdots \\ x_n = d_n \end{cases}$$

因此方程组（1-10）有唯一解，所以原方程组（1-8）有唯一解。

（2）齐次线性方程组解的情况判定。n 元齐次线性方程组

$$\begin{cases} a_{11}x_1 + a_{12}x_2 + \cdots + a_{1n}x_n = 0 \\ a_{21}x_1 + a_{22}x_2 + \cdots + a_{2n}x_n = 0 \\ \vdots \\ a_{m1}x_1 + a_{m2}x_2 + \cdots + a_{mn}x_n = 0 \end{cases} \quad (1\text{-}11)$$

是非齐次线性方程组（1-8）中所有 $b_i(i=1,\cdots,m)$ 均为 0 时的特殊情况，即 $R(A) = R(A,0)$。n 元齐次线性方程组（1-11）仅有零解的充要条件是 $R(A) = r = n$（未知量的个数）；有非零解的充要条件是 $R(A) = r < n$（未知量的个数），此时解中有 $n-r$ 个自由未知量。

3. 线性方程组解的结构

令矩阵为 $A \in \mathbf{C}^{m \times n}$，定义一实值函数 $\|A\|$，该实值函数满足下列条件：

（1）非负性：当 $A \neq 0$ 时，$\|A\| > 0$；当 $A = 0$ 时，$\|A\| = 0$。

（2）齐次性：$\|\alpha A\| = |\alpha| \|A\|, \alpha \in \mathbf{C}$。

（3）三角不等式：若 $\|A + B\| \leq \|A\| + \|B\|, B \in \mathbf{C}^{m \times n}$，就称 $\|A\|$ 为 A 的广义矩阵范数。

（4）相容性：如果对于 $\mathbf{C}^{m \times n}, \mathbf{C}^{m \times t}$ 及 $\mathbf{C}^{m \times t}$ 上的广义矩阵范数 $\|\cdot\|$，都有 $\|A \cdot B\| \leq \|A\| \|B\|, B \in \mathbf{C}^{n \times 1}$，就称 $\|A\|$ 是 A 的矩阵范数。

若方程组 $Ax = b$ 有解，则对于满足 $\min_{Ax=b} \|x\|$ 的 x 就被叫作方程组 $Ax = b$ 的最小范数解；而若方程组 $Ax = b$ 无解，则对于满足 $\min_{x \in \mathbf{C}^{c \times l}} \|Ax - b\|$ 的 x 就叫作方程组 $Ax = b$ 的最小二乘解。

1.3.2 数值方法的基本理论

数值方法的基本理论是数值分析的基础，包含两个方面：误差和有效数字。

1. 误差

假设某量为 x，其近似值是 x^*，则 x 与 x^* 的差叫作近似值 x^* 的绝对误

差，简称误差，记作

$$\varepsilon(x^*) = x - x^*$$

需要注意的是，绝对误差可正可负，不要跟绝对值混淆。误差的绝对值在一定程度上代表 x^* 的精确程度，当 x 不变时，x 的不同近似值对应的误差的绝对值越小，近似值越精确。

在实际计算时，有时会因为准确值 x 不能具体得出，于是对应的误差精确值也求不出。为解决这一问题，可以根据具体情况估计出误差绝对值的一个上界，可以指定一个适当小的正数 δ，即令

$$|\varepsilon(x^*)| = |x - x^*| \leq \delta$$

δ 叫作近似值 x^* 的绝对误差限，简称误差限，也叫精度。在实际中人们常使用

$$x = x^* \pm \delta$$

来表示近似值的精度和准确值所在的范围。

绝对误差与准确值的比值

$$\varepsilon_r(x^*) = \frac{\varepsilon(x)}{x^*} = \frac{x - x^*}{x}$$

称作 x^* 的相对误差，其中 x^* 不能为 0。在实际计算中，当 $|\varepsilon_r(x^*)|$ 比较小时，常令

$$\varepsilon_r(x^*) = \frac{\varepsilon(x^*)}{x}$$

在同一个数或者不同数的几个近似值当中，$|\varepsilon_r(x^*)|$ 越小，x 的精确度越高。在实际计算中，因为误差和准确值有时都不能准确得知，故而相对误差自然也是无法准确得知的，只能估计出大小范围，类似于绝对误差的情况。

在用数学方法解决实际问题时，误差来源主要分为四类：模型误差、观测误差、截断误差，以及舍入误差，如图 1-2 所示。

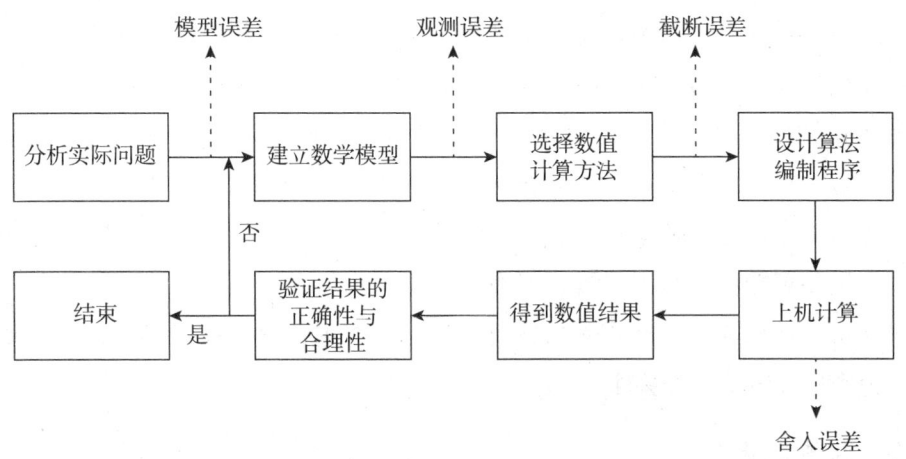

图 1-2 数值计算过程与误差来源

（1）模型误差。在应用数值分析技术处理具体问题时，首先要构建一个数学模型。鉴于现实世界问题的复杂性，往往需要通过省略某些非关键因素的方式，对问题进行抽象和简化，从而聚焦于核心要素。这种方法虽然有助于问题分析，但同时意味着所得数学模型仅能作为复杂现实现象的近似表达。因此，数学模型与实际情况之间不可避免地会存在差异，这种差异被称为模型误差。

（2）观测误差。在根据具体问题构造的数学模型里，各种物理量会被引入，如温度、时间、距离、电流和电压等，这些物理量大多是通过观察和实验获得的。受测量设备的精确度和测量方法的局限性影响，人们记录的数值与真实值之间难免会出现误差，这种误差被归类为观测误差。通常情况下，通过了解使用的测量工具或设备的精确度，可以预估这种误差的最大可能值，因此在数值计算过程中，对这类误差的研究并不需要过分深入。

（3）截断误差。在从实际情况衍生的数学模型中，往往难以直接获得精确答案，因此通常借助数值技术来寻找近似解决方案。这种做法包括使用有限的过程模拟无限的过程，或者将不可计算的问题转化为可计算的问题。在这个过程中产生的数学模型的理论解与由数值方法得到的近似解之间的差异被称作截断误差。这类误差是数值计算中不可避免的，因此也被视为方法误差。

（4）舍入误差。不论是使用计算机、计算器还是通过手工计算，实际操作中只能用有限小数替代无限小数，或者用较少位数的小数替换原有更多位数的小数。在处理超出预定位数的数值时，常采用四舍五入法来获取近似值，由此引发的误差被称作舍入误差。例如，将无理数e近似为2.718 28时产生的误差就属于舍入误差。值得注意的是，尽管单次计算中舍入误差可能显得微不足道，但在计算机执行数百万次计算后，这些舍入误差可能汇总成一个相当大的数值。因此，在进行数值计算工作时，需要对舍入误差给予充分关注。

2. 有效数字

有效数字的定义：已知 A^* 是 A 的近似值，如果 A^* 的绝对误差限是自己某一数位的半个单位，并且 A^* 的左边第一个非零数字到这个数位的距离是 n 位，那么就称这 n 个数字是 A^* 的有效数字，也叫作 A^* 近似 A 时拥有 n 位有效数字。

已知 x^* 是 x 的近似值，且 $x^* = \pm 0.a_1 a_2 \cdots a_n \times 10^m$，其中 $a_1, a_2, \cdots, a_n$ 是 $0 \sim 9$ 的自然数，并且 a_1 不为 0，m 是整数。如果 x^* 有 n 个有效数字，那么 x^* 的相对误差限是 $\dfrac{1}{2a_1} \times 10^{-n+1}$；如果 x^* 的相对误差限为 $\dfrac{1}{2(a_1+1)} \times 10^{-n+1}$，那么 x^* 至少有 n 个有效数字。

1.4 线性代数与数值分析的应用简介

1.4.1 线性代数与数值分析在工程计算中的应用

线性代数和数值分析是工程学和科技发展中的基础工具，广泛应用于各种计算和设计问题中。从结构工程到电子工程，从数据科学到机器学习，这些数学工具的应用范围极广。

在结构工程中,线性代数和数值分析对于设计安全和经济的建筑结构至关重要。这些技术可以帮助工程师解决力学问题,预测结构的行为,并优化设计。有限元分析(finite element analysis,FEA)是一种计算技术,用于模拟物理结构对外力的响应。它通过将连续的结构划分为小的、形状简单的元素,并在这些元素上应用线性代数的方程组来近似解决问题。FEA 广泛应用于飞机、桥梁和高层建筑的设计中,可以帮助工程师计算应力和变形,评估结构的耐久性和稳定性。在机械工程中,动力学分析是预测机械系统在运动和外力作用下行为的关键工具。通过使用数值方法,如龙格-库塔法和线性多步法,工程师可以精确地模拟机械系统的动态响应,如汽车在不同路况下的稳定性和飞机的飞行动态。

电子工程中的电路设计和分析也依赖于线性代数和数值分析,这些工具用于优化电路性能和功能。在电路设计中,线性代数用于解决电路方程问题,预测电路在不同配置和输入条件下的性能。例如,使用节点电压方法和环流法等基于矩阵的技术可以有效地计算复杂电路的电压和电流分布,从而指导电路的优化设计。数值分析在信号处理领域中发挥着关键作用,特别是在数据压缩和噪声消除中。通过应用傅里叶(Fourier)变换和小波变换等方法,工程师可以分析和修改信号的频率组成,优化通信系统的数据传输效率和可靠性。

这些数学工具不仅提高了设计和分析的准确性,还大幅提升了工程领域的创新能力和效率。

1.4.2 线性代数与数值分析在计算机图形学和动画设计中的应用

计算机图形学和动画设计是线性代数和数值分析的另一大应用领域,这些数学工具对于创建逼真的视觉效果和动画至关重要。通过运用这些技术,开发人员能够构建复杂的三维场景,动态模拟物理现象,并实现高级渲染技术。

在计算机图形学中,线性代数主要用于处理和变换图形。例如,三维图形在屏幕上显示之前通常需要经过一系列的变换,包括缩放、旋转和平移，这些都依赖于线性代数中的矩阵运算来完成。此外，更高级的几何变换，如仿射变换和透视变换，也是通过线性代数的方法实现的，这可以确保图形的正确表示和视觉效果的自然性。数值分析在动画制作中扮演着至关重要的角色，尤其是在模拟复杂动画和物理效果时。例如，在电影《冰雪奇缘》中，制作团队使用粒子系统模拟雪的自然堆积和风的影响，这需要复杂的数值方法来求解涉及流体动力学的偏微分方程。此外，数值方法还被广泛应用于布料仿真、软体动力学和角色动作的真实性仿真中，这些技术帮助动画设计师创建了更加丰富和动态的视觉效果。在渲染技术方面，线性代数和数值分析同样至关重要。光线追踪是一种用于生成高度逼真图像的技术，通过模拟光线与物体的相互作用来计算图像的色彩和光照。这一过程涉及大量的向量计算和光线传播模拟，需要求解由光线传输方程描述的积分方程，这些都需要精确的数值解法来实现高质量的图像渲染。

线性代数和数值分析在计算机图形学和动画设计中的应用极为广泛，它们不仅能够支持基本的图形处理和变换，还使得动画和渲染技术能够达到令人惊叹的真实效果和增强视觉冲击力。随着技术的进步，这些数学工具将继续推动视觉艺术和数字娱乐的创新发展。

1.4.3 线性代数与数值分析在数据科学和大数据分析中的应用

数据科学和大数据分析是当代科技领域中极为关键的两个方向，这些领域的发展依赖于强大的数学工具来处理、分析和解释大规模数据集。线性代数和数值分析在此过程中发挥着核心作用，使得数据科学家能够从复杂的数据中提取有价值的信息，并支持了决策制定。

线性代数是处理和理解多维数据结构的基础，是实现多种数据分析技术的关键。主成分分析和奇异值分解是数据降维的常用技术，可以帮助数据科学家减少数据集的复杂性，同时尽可能保留最重要的信息。这些技术基于线性代数中的特征值和特征向量，通过转换数据到新的坐标系，挑选出较能代表数据变化的几个主要成分。这对于可视化、去噪声和提高后续分析的效率非常有用。线性回归是预测和数据关系建模的基本方法之一，依赖于线性代数的理论来找到最佳拟合直线或超平面。在更广泛的机器学习领域，如支持向量机和线性分类器，都需要线性代数的方法来计算决策边界。

随着数据规模的不断扩大，数值分析成为确保大数据处理可行性和效率的关键技术。在大数据应用中，优化算法，如梯度下降法和共轭梯度法，是许多机器学习模型训练过程中的核心。这些算法依赖于数值分析来确保计算的精确性和收敛速度，特别是在处理非常大的数据集时。在处理大规模数据集时，数值稳定性和计算效率变得尤为重要。数值分析提供了评估和改进算法稳定性的工具，如数值积分和微分方程求解，这些工具可以帮助数据科学家处理如数据流和时间序列分析等问题。

线性代数和数值分析的这些应用不仅提高了数据处理的效率，还增强了数据解析的深度和广度，使得数据科学家能够在复杂的现实世界问题中找到解决方案。

1.4.4 线性代数与数值分析在金融工程和量化分析中的应用

金融工程和量化分析依靠先进的数学工具来模拟市场行为、评估投资风险和优化资产组合。线性代数和数值分析在这些领域的应用至关重要，因为它们提供了处理复杂金融模型和大量交易数据的能力。在金融工程中，线性代数主要应用于资产定价和资产组合优化。例如，计算复杂衍生品的价格通常涉及构建和求解大规模线性方程组，这些方程描述了不同金融产品之间的关系及其对市场变化的响应。此外，线性代数也是构建和优化投资组合的基础，通过协方差矩阵和相关系数矩阵，投资者可以理解不同资产之间的风险对比和潜在回报，从而制定出风险最低的资产配置策略。

数值分析在量化分析中的应用同样关键，尤其是在选项定价和风险管理模型中。例如，蒙特卡罗（Monte-Carlo）模拟是一个广泛使用的数值方法，用于评估复杂金融衍生品的价格和风险。通过模拟成千上万次的价格路径，这种方法可以帮助分析师评估市场极端条件下的投资表现。此外，数值分析技术如有限差分法用于求解偏微分方程，这类方程常见于描述金融产品如期权的行为模型中,使得分析师可以精确计算期权的时间价值和内在价值。

线性代数和数值分析的这些应用不仅极大地提高了金融产品的评估效率,也提升了风险控制的准确性。在全球金融市场日益复杂和动态变化的今天,这些数学工具成为金融专业人士不可或缺的助手。通过不断优化和发展这些工具,金融行业能够更好地应对市场的不确定性,保护投资者利益,同时寻找新的增长机会。

1.4.5 线性代数与数值分析在健康科学和流行病学中的应用

在健康科学和流行病学领域,线性代数和数值分析为研究疾病传播、优化治疗方法和评估公共健康政策提供了强有力的工具。这些数学方法使得科学家能够建立和分析复杂的生物统计模型,预测疾病趋势,并为医疗决策提供了量化的支持。

在流行病学研究中,线性代数常用于处理和解析大规模健康数据集,如患病率和死亡率数据。通过构建矩阵和向量,研究人员可以有效地计算疾病间的相关性和确定潜在的影响因素。此外,这些工具也用于优化资源分配,如通过线性规划确定最佳的疫苗分配策略,确保资源在不同群体和地区中得到最有效利用。数值分析在处理传染病模型时尤为重要,特别是在模拟疾病传播和评估干预措施的效果方面。使用数值解法,如欧拉(Euler)法和龙格-库塔法,研究人员可以解决涉及传染病动态的微分方程模型求解问题,这些模型考虑了人群的易感性、传染性和恢复率等因素。通过这些模拟,公共卫生部门可以预测疾病的传播趋势,从而制定更有效的健康政策。

此外,数值分析也在慢性病管理和优化治疗方案中起着关键作用。例如,通过模拟患者对不同治疗方案的反应,医生可以制订个体化的治疗计划,以最大限度地提高治疗效果并减少副作用。这种方法特别适用于癌症和糖尿病等复杂疾病的管理,通过精确计算药物剂量和治疗频率,可以显著提高患者的生活质量和治疗成功率。

线性代数和数值分析在健康科学和流行病学中的应用极大地增强了人们理解和应对公共健康问题的能力。随着这些技术的持续发展和应用，预计未来人们能够更有效地控制疾病，提升医疗服务质量，优化健康资源配置。

1.4.6 线性代数与数值分析在环境科学中的应用

环境科学是一个涉及地球、大气和生物系统复杂相互作用的领域，线性代数和数值分析提供了解析这些复杂系统的强大工具。这些数学方法在模拟环境过程、评估人类活动影响以及预测未来变化中起着核心作用。在环境模型中，线性代数常用于构建和解析多种环境系统的相互作用。例如，全球气候模型涉及大气、海洋和陆地生态系统的复杂动态方程组，这些方程通常以线性或非线性的形式存在，需要通过矩阵运算来求解。通过构建这些模型，科学家可以模拟温室气体如何在地球系统中传播和转化，预测全球变暖对气候的长期影响，如温度升高、冰川融化和海平面上升等。

数值分析在环境科学中尤为重要，它用于精确计算模型中的变量和参数。例如，在水资源管理中，数值方法被用来模拟河流流量、水库水位和地下水流动。这些计算通常涉及偏微分方程，偏微分方程需要通过数值方法如有限差分法或有限元法来求解，这可以帮助决策者制定有效的水资源分配策略和洪水预防措施。

线性代数和数值分析也在环境污染控制中扮演着重要角色。在空气质量模型中，通过构建和求解描述污染物扩散和化学反应的方程组，科学家可以评估不同污染源对空气质量的影响，优化减排措施，这可以为制定空气质量标准提供科学依据。这些模型需要处理大量的数据和复杂的化学反应网络，依赖于强大的数值计算能力来确保模拟结果的准确性和实用性。

线性代数和数值分析在环境科学中的应用使得人们能够更好地模拟和理解地球系统的复杂性，有效地应对环境问题和挑战。这些技术的进一步发展将持续推动环境政策的制定和科学管理的实践，帮助全球社会实现可持续发展的目标。这说明数学不仅是理论研究的基础，更是实际应用和技术创新的桥梁。

第 2 章 线性方程组的数值解法基础

2.1 线性方程组的高斯消元法

高斯消元法是解线性方程组较常用的方法，高斯消元法的基本思路是将方程组进行逐步消元，把方程组化为系数矩阵是三角形矩阵的三角形方程组，接着用回代法求解。

三角形方程组分为上三角形方程组和下三角形方程组，两者示例如下：
（1）上三角形方程组：

$$\begin{cases} a_{11}x_1 + a_{12}x_2 + \cdots + a_{1n}x_n = b_1 \\ a_{22}x_2 + \cdots + a_{2n}x_n = b_2 \\ \vdots \\ a_{nn}x_n = b_n \end{cases} \quad (2\text{-}1)$$

（2）下三角形方程组：

$$\begin{cases} a_{11}x_1 = b_1 \\ a_{21}x_1 + a_{22}x_2 = b_2 \\ \vdots \\ a_{n1}x_1 + a_{n2}x_2 + \cdots + a_{nn}x_n = b_n \end{cases} \quad (2\text{-}2)$$

三角形方程组的求解方法很简单，以下三角形方程组（2-2）为例，若 $a_{ii} \neq 0, i = 1,2,\cdots,n$，则方程组（2-2）的解为

$$\begin{cases} x_1 = b_1 / a_{11} \\ x_k = \left(b_k - a_{k1}x_1 - a_{k2}x_2 - \cdots - a_{k,k-1}x_{k-1}\right) / a_{kk}, k = 2,\cdots,n \end{cases}$$

这个过程就是消元过程。上三角形方程组（2-1）的求解过程类似，若 $a_{ii} \neq 0, i = 1,2,\cdots,n$，则方程组（2-1）的解为

$$\begin{cases} x_n = b_n / a_{nn} \\ x_k = \left(b_k - a_{k,k+1}x_{k+1} - \cdots - a_{kn}x_n\right) / a_{kk}, k = n-1, n-2,\cdots,1 \end{cases}$$

这个过程叫作回代过程。通过这两个例子可以看出，三角形方程组的求解

是非常简单的,因此只需要把线性方程组化为等价的三角形方程组,接下来的求解过程就会非常简单。

2.1.1 高斯消元法的基本方法——主元消元法

以如下三阶线性方程组为例来解释高斯消元法:

$$\begin{cases} 7x_1 + 8x_2 + 11x_3 = -3 & ① \\ 5x_1 + x_2 - 3x_3 = -4 & ② \\ x_1 + 2x_2 + 3x_3 = 1 & ③ \end{cases}$$

将方程①乘以 $-\dfrac{5}{7}$ 后和方程②相加,将方程①乘以 $-\dfrac{1}{7}$ 后和方程③相加,这样就可以消去方程②和方程③中的未知量 x_1,再化简得到如下同解方程组:

$$\begin{cases} 7x_1 + 8x_2 + 11x_3 = -3 & ① \\ -33x_2 - 76x_3 = -13 & ④ \\ 6x_2 + 10x_3 = 10 & ⑤ \end{cases}$$

将方程④乘以 $\dfrac{6}{33}$ 后和方程⑤相加,得到如下同解方程组:

$$\begin{cases} 7x_1 + 8x_2 + 11x_3 = -3 & ① \\ -33x_2 - 76x_3 = -13 & ④ \\ -6x_3 = 12 & ⑥ \end{cases}$$

接着使用回代公式可得

$$\begin{cases} x_3 = -2 \\ x_2 = 5 \\ x_1 = -3 \end{cases}$$

对于一般形式的线性方程组,以方程组(2-3)为例:

$$\begin{cases} a_{11}x_1 + a_{12}x_2 + a_{13}x_3 + \cdots + a_{1n}x_n = b_1 \\ a_{21}x_1 + a_{22}x_2 + a_{23}x_3 + \cdots + a_{2n}x_n = b_2 \\ \vdots \\ a_{n1}x_1 + a_{n2}x_2 + a_{n3}x_3 + \cdots + a_{nn}x_n = b_n \end{cases} \quad (2-3)$$

若 $a_{11} \neq 0$，令 $l_{i1} = a_{i1}/a_{11}, i=2,3,\cdots,n$，用 $-l_{i1}$ 乘以线性方程组的第 1 个方程，接着和第 i 个方程相加，即可得到方程组（2-3）的同解方程组（2-4）：

$$\begin{cases} a_{11}^{(1)}x_1 + a_{12}^{(1)}x_2 + \cdots + a_{1n}^{(1)}x_n = b_1^{(1)} \\ a_{22}^{(2)}x_2 + \cdots + a_{2n}^{(2)}x_n = b_2^{(2)} \\ \vdots \\ a_{n2}^{(2)}x_2 + \cdots + a_{nn}^{(2)}x_n = b_n^{(2)} \end{cases} \quad (2-4)$$

式中：

$$\begin{cases} a_{1j}^{(1)} = a_{1j}, j=1,\cdots,n; b_1^{(1)} = b_1 \\ a_{ij}^{(2)} = a_{ij} - l_{i1}a_{1j}, i,j=2,\cdots,n; b_j^{(2)} = b_j - l_{i1}b_1, i,j=2,3,\cdots,n \end{cases}$$

在从方程组（2-3）到方程组（2-4）的过程中，元素 a_{11} 起着主要作用，因此元素 a_{11} 被称作主元素；如果方程组（2-4）中的 $a_{22}^{(2)}$ 不为 0，那么 $a_{22}^{(2)}$ 为主元素，接着可以将方程组（2-4）转变为方程组（2-5）：

$$\begin{cases} a_{11}^{(1)}x_1 + a_{12}^{(1)}x_2 + a_{13}^{(1)}x_3 + \cdots + a_{1n}^{(1)}x_n = b_1^{(1)} \\ a_{22}^{(2)}x_2 + a_{23}^{(2)}x_3 + \cdots + a_{2n}^{(2)}x_n = b_2^{(2)} \\ a_{33}^{(3)}x_3 + \cdots + a_{3n}^{(3)}x_n = b_3^{(3)} \\ \vdots \\ a_{n3}^{(3)}x_3 + \cdots + a_{nn}^{(3)}x_n = b_n^{(3)} \end{cases} \quad (2-5)$$

接着对方程组（2-5）进行同样的变换，在经过第 k-1 步之后，可得到如下方程组：

$$\begin{cases} a_{11}^{(1)}x_1 + a_{12}^{(1)}x_2 + a_{13}^{(1)}x_3 + \cdots + a_{1n}^{(1)}x_n = b_1^{(1)} \\ a_{22}^{(2)}x_2 + a_{23}^{(2)}x_3 + \cdots + a_{2n}^{(2)}x_n = b_2^{(2)} \\ \vdots \\ a_{kk}^{(k)}x_k + \cdots + a_{kn}^{(k)}x_n = b_k^{(k)} \\ \vdots \\ a_{nk}^{(k)}x_k + \cdots + a_{nn}^{(k)}x_n = b_n^{(k)} \end{cases}$$

设 $a_{kk}^{(k)} \neq 0$，令 $l_{ik} = a_{ik}^{(k)}/a_{kk}^{(k)}, i=k+1,k+2,\cdots,n$，用 $-l_{ik}$ 乘以第 k 个方程，接着加到第 i 个方程上，即可得到方程组（2-6）：

$$\begin{cases} a_{11}^{(1)}x_1 + a_{12}^{(1)}x_2 + a_{13}^{(1)}x_3 + \cdots + a_{1n}^{(1)}x_n = b_1^{(1)} \\ a_{22}^{(2)}x_2 + a_{23}^{(2)}x_3 + \cdots + a_{2n}^{(2)}x_n = b_2^{(2)} \\ \vdots \\ a_{kk}^{(k)}x_k + \cdots + a_{kn}^{(k)}x_n = b_k^{(k)} \\ a_{k+1,k+1}^{(k+1)}x_{k+1} + \cdots + a_{k+1,n}^{(k+1)}x_n = b_{k+1}^{(k+1)} \\ \vdots \\ a_{n,k+1}^{(k+1)}x_{k+1} + \cdots + a_{nn}^{(k+1)}x_n = b_n^{(k+1)} \end{cases} \quad (2\text{-}6)$$

接下来按照如上步骤进行 $n-(k+1)$ 次重复，即可得到如下上三角形方程组：

$$\begin{cases} a_{11}^{(1)}x_1 + a_{12}^{(1)}x_2 + a_{13}^{(1)}x_3 + \cdots + a_{1n}^{(1)}x_n = b_1^{(1)} \\ a_{22}^{(2)}x_2 + a_{23}^{(2)}x_3 + \cdots + a_{2n}^{(2)}x_n = b_2^{(2)} \\ \vdots \\ a_{kk}^{(k)}x_k + \cdots + a_{kn}^{(k)}x_n = b_k^{(k)} \\ \vdots \\ a_{nn}^{(n)}x_n = b_n^{(n)} \end{cases}$$

将 $a_{nn}^{(n)} \neq 0$ 进行回代即可得到线性方程组的解：

$$\begin{cases} x_n = b_n^{(n)} / a_{nn}^{(n)} \\ x_k = \left[b_k^{(k)} - \sum_{j=k+1}^{n} a_{kj}^{(k)} x_j \right] / a_{kk}^{(k)}, k = n-1, \cdots, 1 \end{cases}$$

对上面线性方程组的求解过程进行总结分析，可以发现高斯消元法分为消元过程与回代过程，经过消元过程后线性方程组变为上三角形线性方程组，接着经过回代过程，即可求出线性方程组的解。

2.1.2 高斯顺序消元法

在对线性方程组求解的过程中，在消元过程中所消去的未知量是按照未知量在线性方程组（2-3）中的自然顺序进行的，所以这个过程又叫高斯顺序消元法。高斯顺序消元法有不小的缺陷，若把用于除数的 $a_{kk}^{(k)}$ 看作主元素，则在消元过程中可能会出现主元素 $a_{kk}^{(k)}$ 为零的情况，这时消元过程可能会无法正常进行下去；另外，若主元素 $a_{kk}^{(k)}$ 的数值非常小，由于舍入误差与有效位数消失等因素，主元素本身也会有比较大的相对误差，若将这样的主元素当作除数，会导致其他元素的数量级严重增长以及舍入误差的扩散，以至所求的解误差过大，变得无意义。

例如，线性方程组（2-7）：

$$\begin{cases} 0.001x_1 + 1.00x_2 = 1.00 \\ 1.00x_1 + 1.00x_2 = 2.00 \end{cases} \quad (2\text{-}7)$$

它的精确解为

$$x_1 = \frac{1\,000}{999} \approx 1.001\,0, \quad x_2 = \frac{998}{999} \approx 0.999\,0$$

若用顺序消元法进行求解，第一步以 0.001 为主元素，消去第 2 个方程中的 x_1，可以得到

$$-1\,000x_2 = -1\,000, \quad x_2 = 1.00$$

接着进行回代，会得到 $x_1 = 0$，显然这不是方程组的解。之所以出现这样的现象，是因为在第一步中主元素的数值太小，消元后得到的三角形方程组非常不准确；而如果选择第 2 个方程中的 x_1 的系数 1.00 作为主元素，消去第 1 个方程中的 x_1，可以得到

$$1.00x_1 = 1.00, \quad x_1 = 1.00$$

这是该线性方程组的三位正确舍入值。

从线性方程组（2-7）的求解过程可以看出，在消元过程中，选择合适的主元素是相当重要的。在主元高阶消元法中，未知量依然是按照顺序进行消除的，不过在选取主元素时，需要把各方程中要消去的未知量的系数进行比较，选取绝对值最大的系数作为主元素，接着用顺序消元法进行求解。

例如，线性方程组（2-8）：

$$\begin{cases} 2x_1 - x_2 + 3x_3 = 1 \\ 4x_1 + 2x_2 + 5x_3 = 4 \\ x_1 + 2x_2 = 7 \end{cases} \quad (2\text{-}8)$$

在解方程组的过程中，使用的元素是这些未知量的系数（包括等号右侧的数字），因此可以用这些系数构成的增广矩阵简化方程组，再进行求解，该方程组对应的增广矩阵如下：

$$\begin{bmatrix} 2 & -1 & 3 & 1 \\ 4 & 2 & 5 & 4 \\ 1 & 2 & 0 & 7 \end{bmatrix}$$

把4当作主元素，同时把4所在的行当作主元行，接着把主元行放到第一行：

$$\begin{bmatrix} 4 & 2 & 5 & 4 \\ 2 & -1 & 3 & 1 \\ 1 & 2 & 0 & 7 \end{bmatrix}$$

第一步消元：

$$\begin{bmatrix} 1 & 0.5 & 1.25 & 1 \\ 0 & -2 & 0.5 & -1 \\ 0 & 1.5 & -1.25 & 6 \end{bmatrix}$$

第二步消元：

$$\begin{bmatrix} 1 & 0.5 & 1.25 & 1 \\ 0 & 1 & -0.25 & 0.5 \\ 0 & 0 & -0.875 & 5.25 \end{bmatrix}$$

第三步消元：

$$\begin{bmatrix} 1 & 0.5 & 1.25 & 1 \\ 0 & 1 & -0.25 & 0.5 \\ 0 & 0 & 1 & -6 \end{bmatrix}$$

接着将消元结束后的矩阵变为如下线性方程组：

$$\begin{cases} x_1 + 0.5x_2 + 1.25x_3 = 1 \\ x_2 - 0.25x_3 = 0.5 \\ x_3 = -6 \end{cases}$$

最后进行回代即可得出方程组的解：

$$\begin{cases} x_1 = 9 \\ x_2 = -1 \\ x_3 = -6 \end{cases}$$

2.2 矩阵的三角分解及其在方程解法中的应用

在矩阵中，也可以使用高斯消元法，从而有矩阵的三角分解，矩阵的三角分解在解方程组的直接解法中有非常重要的作用，人们可以使用矩阵的三角分解来推导含有特殊系数矩阵方程组的解法。

对线性方程组 $Ax = b, A \in \mathbf{R}^{n \times n}$ 中的 A 进行初等行变换，就相当于用初等矩阵左乘 A，例如，线性方程组（2-9）：

$$\begin{cases} a_{11}x_1 + a_{12}x_2 + \cdots + a_{1n}x_n = b_1 \\ a_{21}x_1 + a_{22}x_2 + \cdots + a_{2n}x_n = b_2 \\ \vdots \\ a_{n1}x_1 + a_{n2}x_2 + \cdots + a_{nn}x_n = b_n \end{cases} \quad (2\text{-}9)$$

进行矩阵变换后可得

$$\left[A^{(1)}, b^{(1)} \right] = \begin{bmatrix} a_{11}^{(1)} & a_{12}^{(1)} & \cdots & a_{1n}^{(1)} & b_1^{(1)} \\ a_{21}^{(1)} & a_{22}^{(1)} & \cdots & a_{2n}^{(1)} & b_2^{(1)} \\ \vdots & \vdots & & \vdots & \vdots \\ a_{n1}^{(1)} & a_{n2}^{(1)} & \cdots & a_{nn}^{(1)} & b_n^{(1)} \end{bmatrix}$$

若对其使用顺序消元法，则步骤如下：

（1）若 $a_{11} \neq 0$，令 $l_{i1} = a_{i1} / a_{11}, i = 2,3,4,\cdots,n$，则可以组成如下下三角矩阵：

$$L_1 = \begin{bmatrix} 1 & & & \\ -l_{21} & 1 & & \\ \vdots & \vdots & \ddots & \\ -l_{n1} & 0 & \cdots & 1 \end{bmatrix} \quad (2\text{-}10)$$

对应的有

$$L_1\left[A^{(1)}, b^{(1)}\right] = \begin{bmatrix} a_{11}^{(1)} & a_{12}^{(1)} & \cdots & a_{1n}^{(1)} & b_1^{(1)} \\ 0 & a_{22}^{(2)} & \cdots & a_{2n}^{(2)} & b_2^{(2)} \\ \vdots & \vdots & & \vdots & \vdots \\ 0 & a_{n2}^{(2)} & \cdots & a_{nn}^{(2)} & b_n^{(2)} \end{bmatrix} = \left[A^{(2)}, b^{(2)}\right]$$

也就是用 $-l_{i1}$ 乘以 $\left[A^{(1)}, b^{(1)}\right]$ 中的第 1 行，接着和第 $i(i=2,3,\cdots,n)$ 行相加，相当于用 L_1 左乘增广矩阵。

（2）若 $a_{22}^{(2)} \neq 0$，记 $l_{i2} = \dfrac{a_{i2}^{(2)}}{a_{22}^{(2)}}, i=3,4,\cdots,n$，则

$$L_2 = \begin{bmatrix} 1 & & & & 0 \\ 0 & 1 & & & \\ 0 & -l_{32} & 1 & & \\ \vdots & \vdots & \vdots & \ddots & \\ 0 & -l_{n2} & 0 & \cdots & 1 \end{bmatrix} \quad (2-11)$$

接着用 $-l_{i2}$ 乘以 $\left[A^{(2)}, b^{(2)}\right]$ 中的第 2 行，并分别和第 $i(i=3,4,\cdots,n)$ 行相加，这个过程相当于用 L_2 左乘 $L_1\left[A^{(1)}, b^{(1)}\right]$。

这个消元过程的顺序是从左到右、从上到下，依次将

$$a_{21}, a_{31}, \cdots, a_{n1}, a_{32}, a_{42}, \cdots, a_{n2}, \cdots, a_{n,n-1}$$

化简为 0，这就相当于上方过程中的初等矩阵依次左乘 $\left[A^{(1)}, b^{(1)}\right]$，再经过消元后最终得到

$$L_{n-1}L_{n-2}\cdots L_2 L_1\left[A^{(1)}, b^{(1)}\right] = \begin{bmatrix} a_{11}^{(1)} & a_{12}^{(1)} & \cdots & a_{1k}^{(1)} & a_{1,k+1}^{(1)} & \cdots & a_{1n}^{(1)} & b_1^{(1)} \\ & a_{22}^{(2)} & \cdots & a_{2k}^{(2)} & a_{2,k+1}^{(2)} & \cdots & a_{2n}^{(2)} & b_2^{(2)} \\ & & \ddots & \vdots & \vdots & & \vdots & \vdots \\ & & & a_{kk}^{(k)} & a_{k,k+1}^{(k)} & \cdots & a_{kn}^{(k)} & b_k^{(k)} \\ & & & & a_{k+1,k+1}^{(k+1)} & \cdots & a_{k+1,n}^{(k+1)} & b_{k+1}^{(k+1)} \\ & & & & & \ddots & \vdots & \vdots \\ & & & & & & a_{nn}^{(n)} & b_n^{(n)} \end{bmatrix} = \left[A^{(n)}, b^{(n)}\right]$$

所以

$$\begin{cases} L_{n-1}L_{n-2}\cdots L_2L_1 A^{(1)} = A^{(n)} \\ L_{n-1}L_{n-2}\cdots L_2L_1 b^{(1)} = b^{(n)} \end{cases}$$

这里可以发现 $L_i(i=1,2,\cdots,n-1)$ 是可逆的且主对角元素全为 1 的下三角矩阵，因为有限个单位下三角矩阵的乘积仍然是单位下三角矩阵，所以可以令 $L = (L_{n-1}\cdots L_2L_1)^{-1}$，记

$$U = \begin{bmatrix} a_{11}^{(1)} & a_{12}^{(1)} & \cdots & a_{1n}^{(1)} \\ & a_{22}^{(2)} & \cdots & a_{2n}^{(2)} \\ & & \ddots & \vdots \\ & & & a_{nn}^{(n)} \end{bmatrix}, y = \begin{bmatrix} b_1^{(1)} \\ b_2^{(2)} \\ \vdots \\ b_n^{(n)} \end{bmatrix}$$

接着可以得到 $L^{-1}\left[A^{(1)}, b^{(1)}\right] = [U, y]$，或者 $L^{-1}A^{(1)} = U, L^{-1}b^{(1)} = y$，高斯消元法的回代过程其实是求解 $Ux = y$。

由 $L^{-1}\left[A^{(1)}, b^{(1)}\right] = [U, y]$，可以得到 $A^{(1)} = LU$，这说明在 $a_{kk}^{(k)} \neq 0$ 的条件下，使用高斯消元法可以将方程组中的系数矩阵 A 分解成单位下三角矩阵与上三角矩阵的乘积，这个过程称作 A 的三角分解，也叫 LU 分解。

对上面的过程进行总结分析，可以得到有关三角分解的相关定理：n 阶方阵 A 的 n 个顺序主要子矩阵都不是奇异的，而矩阵 A 可以唯一分解为单位下三角矩阵 L 和上三角矩阵 U 的乘积，也就是 $A = LU$。

下面证明这个定理的唯一性：设 $A = L_1 U_1 = LU$，其中的 L_1 和 L 是下三角矩阵，U_1 和 U 是上三角矩阵，设 U_1^{-1} 存在，所以有 $L^{-1}L_1 = UU_1^{-1}$，这个等式的右侧是上三角矩阵，左侧是下三角矩阵，所以它们应该都是单位矩阵，可以得到

$$L_1 = L, U_1 = U$$

解 $ax = b$ 的高斯消元法实现了 A 的三角分解，如果可以从矩阵 A 中的元素直接计算得出 L 和 U 的元素，进而实现 A 的三角分解，也不需要任何中间步骤，那么求解 $ax = b$ 的过程就和求解如下两个三角形矩阵方程组等价：

（1） $Ly = b$，求 y；

（2） $Ux = y$，求 y。

通过系数矩阵可以得到 U 的第 1 行元素 $a_{1i} = u_{1i}$；由 $a_{i1} = l_{i1}u_{11}$ 得到 $l_{i1} = \dfrac{a_{i1}}{u_{11}}, i = 1, 2, \cdots, n$，即 L 的第 1 列元素。

假设已经求出 U 的第 1 行到第 $r-1$ 行元素，L 的第 1 列到第 $r-1$ 列元素，由矩阵乘法可以得到

$$a_{ri} = \sum_{k=1}^{n} l_{rk} u_{ki} = \sum_{k=1}^{r-1} l_{rk} u_{ki} + u_{ri}, l_{rk} = 0, r < k$$

$$a_{ir} = \sum_{k=1}^{n} l_{ik} u_{kr} = \sum_{k=1}^{r-1} l_{ik} u_{kr} + l_{ir} u_{rr}$$

接着可以计算得出 U 的第 r 行元素，L 的第 r 列元素。

由此可以得到使用直接三角分解法解 $ax = b$ 的计算公式，具体的计算过程如下：

（1）当 $r = 1$ 时，有

$$u_{1i} = a_{1i}, l_{i1} = \dfrac{a_{i1}}{u_{11}}, i = 1, 2, \cdots, n$$

（2）当 $r = 2, 3, 4, 5, \cdots, n$ 时，计算 U 的第 r 行元素如下：

$$u_{ri} = a_{ri} - \sum_{k=1}^{r-1} l_{rk} u_{ki}, i = r, r+1, \cdots, n$$

接着计算 L 的第 r（$r \neq n$）列元素如下：

$$l_{ir} = \dfrac{\left(a_{ir} - \sum_{k=1}^{r-1} l_{ik} u_{kr}\right)}{u_{rr}}, i = r+1, \cdots, n$$

（3）解方程组 $Ly = b$，可以得到

$$\begin{cases} y_1 = b \\ y_i = b_i - \sum_{k=1}^{i-1} l_{ik} y_k, i = 2, 3, \cdots, n \end{cases}$$

（4）解方程组 $Ux = y$，可以得到

$$\begin{cases} x_n = \dfrac{y_n}{u_{nn}} \\ x_i = \left(y_i - \sum_{k=i+1}^{n} u_{ik} x_k \right) \Big/ u_{ii}, i = n-1, \cdots, 2, 1 \end{cases}$$

步骤（1）～（4）是矩阵 A 的三角分解公式，称作杜立特尔（Doolitte）分解。人们也可以推导出矩阵 $A = LU$ 分解的另外一种计算方式，让 L 为下三角矩阵，U 为单位上三角矩阵，这种分解方式叫作矩阵的克劳特（Crout）分解。

接下来用一个实例来巩固杜立特尔分解方法。

例：使用杜立特尔分解方法求解如下方程组：

$$\begin{bmatrix} 1 & 2 & 3 \\ 2 & 5 & 2 \\ 3 & 1 & 5 \end{bmatrix} \begin{bmatrix} x_1 \\ x_2 \\ x_3 \end{bmatrix} = \begin{bmatrix} 14 \\ 18 \\ 20 \end{bmatrix}$$

解：（1）对于 $r = 1$，利用相应的公式计算可得

$$u_{11}=1, u_{12}=2, u_{13}=3, l_{21}=2, l_{31}=3$$

（2）对于 $r = 2$，利用相应的公式计算可得

$$u_{22} = a_{22} - l_{21}u_{12} = 5 - 2 \times 2 = 1$$

$$u_{23} = a_{23} - l_{21}u_{13} = 2 - 2 \times 3 = -4$$

$$l_{32} = \frac{a_{32} - l_{31}u_{12}}{u_{22}} = \frac{1 - 3 \times 2}{1} = -5$$

（3）对于 $r = 3$，利用相应的公式计算可得

$$u_{33} = a_{33} - (l_{31}u_{13} + l_{32}u_{23}) = 5 - [3 \times 3 + (-5) \times (-4)] = -24$$

进一步可得

$$A = \begin{bmatrix} 1 & & \\ 2 & 1 & \\ 3 & -5 & 1 \end{bmatrix} \begin{bmatrix} 1 & 2 & 3 \\ & 1 & -4 \\ & & -24 \end{bmatrix} = LU$$

（4）对 $Ly = b$ 进行求解，可得

$$y_1 = 14$$

$$y_2 = b_2 - l_{21}y_1 = 18 - 2 \times 14 = -10$$

$$y_3 = b_3 - (l_{31}y_1 + l_{32}y_2) = 20 - [3 \times 14 + (-5) \times (-10)] = -72$$

从而可以得到 $y = (14, -10, -72)^T$；接着求解 $Ux = y$，可以得到

$$x_3 = \frac{y_3}{u_{33}} = \frac{-72}{-24} = 3$$

$$x_2 = \frac{y_2 - u_{23}x_3}{u_{22}} = \frac{-10 - (-4 \times 3)}{1} = 2$$

$$x_1 = \frac{y_1 - (u_{12}x_2 + u_{13}x_3)}{u_{11}} = \frac{14 - (2 \times 2 + 3 \times 3)}{1} = 1$$

所以最终可以求出 $x = (1, 2, 3)^T$。

2.3 向量和矩阵的范数及其重要性

2.3.1 向量的范数及其重要性

在线性方程组的数值求解过程中，向量的误差是非常重要的参数，需要对向量的"大小"进行比较，这时会涉及如何定义向量的"大小"。在中学数学中，向量想要定义大小，需要按照一定的法则规定一个非负的实数，该实数和向量的大小对应，在 n 维向量线性空间中，这就是向量的范数，也称向量的模。

设 $x = (x_1, x_2, \cdots, x_n)^T$，$y = (y_1, y_2, \cdots, y_n)^T$，称 $(x, y) = x^T y = \sum_{i=1}^{n} x_i y_i$ 是向量 x、y 的内积。

向量的内积有如下四个性质：

（1）非负性：$(x, x) \geq 0$，当且仅当 $x = 0$ 时 $(x, x) = 0$；

（2）对称性：$(x, y) = (y, x)$；

（3）齐次性：$(ax, y) = a(x, y)$；

（4）可加性：$(x + y, z) = (x, z) + (y, z)$。

设 $X \in \mathbf{R}^n$，$\|X\|$ 是定义在 $\mathbf{R}^n$ 上的实值函数，那么就称之为 X 的范数，范数有如下六个性质：

（1）非负性：对于所有的 $X \in \mathbf{R}^n, X \neq 0, \|X\| > 0$；

（2）齐次性：对于所有实数 $a \in \mathbf{R}, X \in \mathbf{R}^n, \|aX\| = |a| \cdot \|X\|$；

（3）三角不等式：对于任意两个向量 $X, Y \in \mathbf{R}^n$，都有 $\|X + Y\| \leq \|X\| + \|Y\|$；

（4）$\|\mathbf{0}\| = 0$；

（5）$\|-X\| = |-1| \cdot \|X\| = \|X\|$；

（6）对于任意的 $X, Y \in \mathbf{R}^n$，都有 $\|\|X\| - \|Y\|\| \leq \|X - Y\|$。

设 $X = (x_1, x_2, \cdots, x_n)^\mathrm{T} \in \mathbf{R}^n$，那么会有如下三个比较常用的向量范数：

（1）1-范数：$\|X\|_1 = |x_1| + |x_2| + \cdots + |x_n|$；

（2）2-范数：$\|X\|_2 = \sqrt{X^\mathrm{T} X} = \sqrt{x_1^2 + x_2^2 + \cdots + x_n^2}$；

（3）∞-范数：$\|X\|_\infty = \max_{1 \leq i \leq n} |x_i|$。

这三个常用的向量范数都满足范数的定义，比如，设 $x = (1, 2, -3)^\mathrm{T}$，那么对应的三个常用范数分别是 $\|x\|_1 = 1 + 2 + 3 = 6, \|x\|_2 = \sqrt{1 + 4 + 9} = \sqrt{14}$，和 $\|x\|_\infty = \max(|1|, |2|, |-3|) = 3$。

现在在 $\mathbf{R}^n$ 上随机定义一个向量范数 $\|x\|$，那么这个向量范数 $\|x\|$ 一定和范数 $\|x\|_1$ 等价，即存在正数 N 与 n 对于所有的 $X \in \mathbf{R}^n$，不等式 $n\|X\|_1 \leq \|X\| \leq N\|X\|_1$ 均成立。此定理的证明过程如下：

设 $\xi \in \mathbf{R}^n$，那么关于 ξ 的连续函数在有界闭区域 $G = \{\xi \| \xi \|_1 = 1\}$ 上有界，并且一定存在最大值和最小值。将最大值和最小值分别设为 N 和 n，那么有

$$m\|X\|_1 \leq \|X\| \leq M\|X\|_1$$

因为 $\|\xi\|$ 在区域 G 上大于零,所以有 $m > 0$。

设 $X \in \mathbf{R}^n$ 是任意的非零向量,那么有 $\dfrac{X}{\|X\|_1} \in G$,将其代入上列式子可以得到 $m \leq \left\|\dfrac{X}{\|X\|_1}\right\| \leq M$,所以可以得到

$$m\|X\|_1 \leq \|X\| \leq M\|X\|_1$$

由上面的定义可以推理出有关向量范数的推论:

在 $\mathbf{R}^n$ 上定义的任意两个范数都是等价的,对于常用范数而言,可以得到下列不等式:

$$\frac{1}{n}\|X\|_1 \leq \|X\|_\infty \leq \|X\|_1$$

$$\|X\|_\infty \leq \|X\|_1 \leq n\|X\|_\infty$$

$$\|X\|_\infty \leq \|X\|_2 \leq \sqrt{n}\|X\|_\infty$$

设 $\mathbf{R}^n$ 上的向量序列是 $\{X_k\}$,并且 $X_k = \left(x_1^{(k)}, x_2^{(k)}, \cdots, x_n^{(k)}\right)^\mathrm{T}$,对于任意的 i 都有 $\lim\limits_{k\to\infty} x_i^{(k)} = x_i^*$,那么向量 $X^* = \left(x_1^*, \cdots, x_n^*\right)^\mathrm{T}$ 就被称作该向量序列的极限,记作 $\lim\limits_{k\to\infty} X_k = X^*$。向量序列 $\{X_k\}$ 依照坐标收敛于 X^* 的充要条件是 $\lim\limits_{k\to\infty}\|X_k - X^*\| = 0$。如果向量序列 $\{X_k\}$ 和向量 X^* 之间满足关系式 $\lim\limits_{k\to\infty}\|X_k - X^*\| = 0$,那么向量序列 $\{X_k\}$ 是依照范数收敛于 X^* 的,所以向量序列的依照范数收敛和依照坐标收敛之间是等价关系。

2.3.2 矩阵的范数及其重要性

将 A 设为 n 阶方阵,并且在 $\mathbf{R}^n$ 中已经定义了向量范数 $\|\cdot\|$,

那么把 $\max_{\|x\|=1}\|AX\|$ 称作矩阵 A 的范数或模，写作 $\|A\|$，即 $\|A\| = \max_{\|x\|=1}\|AX\|$。

矩阵范数有如下五个性质：

（1）矩阵的范数一定满足条件 $\|A\| \geq 0$，当且仅当 $A = \mathbf{0}$ 时等号成立；

（2）对于任意的实数 a 和任意的矩阵 A，都有 $\|aA\| = |a|\|A\|$；

（3）对于任意的 n 阶矩阵 A、B，都有 $\|A+B\| \leq \|A\| + \|B\|$；

（4）对于任意的矩阵 A 和向量 X，都有 $\|AX\| \leq \|A\| \cdot \|X\|$；

（5）对于任意的 n 阶矩阵 A、B，都有 $\|AB\| \leq \|A\| \cdot \|B\|$。

其中，满足性质（4）的矩阵范数和向量范数之间是相容的或协调的，所以性质（4）也被称作相容性条件，在使用矩阵范数和向量范数时必须满足相容性条件。

与常用的向量范数满足相容性条件的矩阵范数如下：

若 n 阶方阵 $A = (a_{ij})_{n \times n}$，那么有

（1）矩阵 A 的 1-范数（列范数）是 $\|A\|_1 = \max_{1 \leq j \leq n} \sum_{i=1}^{n} |a_{ij}|$；

（2）矩阵 A 的 2-范数是 $\|A\|_2 = \sqrt{\lambda_1}$（$\lambda_1$ 是矩阵 $A^T A$ 的最大特征值）；

（3）矩阵 A 的 ∞-范数（行范数）是 $\|A\|_\infty = \max_{1 \leq i \leq n} \sum_{j=1}^{n} |a_{ij}|$；

（4）矩阵 A 的 E-范数是 $\|A\|_E = \sqrt{\sum_{i=1}^{n} \sum_{j=1}^{n} |a_{ij}|^2}$。

例如，若 A 为 $\begin{bmatrix} 1 & -2 \\ 0 & 5 \end{bmatrix}$，那么 A 的 1-范数是 $\|A\|_1 = \max(|1|+0, |-2|+|5|) = 7$，$\infty$-范数是 $\|A\|_\infty = \max(1+|-2|, 0+|5|) = 5$。

2.3.3 范数与特征值

将 m 设为矩阵 A 的一特征值，向量 x 设为与其相对应的特征向量，那么有 $Ax \in mx$，因为 $|m|\|x\|=\|Ax\| \leq \|A\|\ \|x\|$，所以可得 $|m| \leq \|A\|$，由此可以推出矩阵的特征值与其范数之间的如下关系：

（1）矩阵 A 的任意一个特征值的绝对值都要小于或等于矩阵 A 的范数；

（2）矩阵 A 的特征值的最大值被称作 A 的谱半径，记作 $\rho(A)=\max_{1 \leq i \leq 1}|m_i| \leq \|A\|$；

（3）若 A 是 n 阶方阵，那么由 A 的各次幂组成的矩阵序列 $I, A, A^2, \cdots, A^k$ 收敛于 $\mathbf{0}$，所以 $\lim\limits_{k \to \infty} A^k = \mathbf{0}$ 的充要条件是 $\rho(A)<1$。

2.3.4 迭代法在非线性方程求解中的应用

1. 迭代法的概念

迭代法是指一种逐次逼近的方法，它的基本思想是利用某种递推算式，将阈值的近似根（初值）逐渐精确化，一直到近似根的精度满足要求为止。

把方程 $f(x)=0$ 变为其等价形式

$$x = g(x) \tag{2-12}$$

如果 $f(x)=0$ 在隔根区间内的一初始值是 x_0，那么利用式（2-12）可得

$$x_{k+1} = g(x_k), k=0,1,2,\cdots \tag{2-13}$$

由此可以得到序列 $x_0, x_1, x_2, \cdots, x_k, \cdots$，该序列称作迭代序列，记为 $\{x_k\}$。如果该迭代序列是收敛的，并且收敛于 x^*，当 $g(x)$ 连续时，对式（2-13）两端取极限可得 $x^* = g(x^*)$，那么 x^* 是迭代函数 $g(x)$ 的不动点，从而可得 $f(x^*)=0$，也就是说 x^* 是方程 $f(x)=0$ 的根。

在实际计算中，用 ε 表示精确度，当迭代序列满足 $|x_k - x_{k-1}| < \varepsilon$ 时，可令 x_k 为原方程的数值近似根，这种方法叫作不动点迭代法，也叫作逐次逼近法，$g(x)$ 叫作迭代函数，当式（2-13）所产生的迭代序列收敛时，迭代公式（2-13）收敛，否则发散。

如果在式（2-13）中 x_{k+1} 只由 x_k 的相关值确定，那么式（2-13）就称作单点迭代，反之称作多点迭代。

2. 雅可比（Jacobi）迭代法

现有如下 n 阶方程组：

$$\begin{cases} a_{11}x_1 + a_{12}x_2 + \cdots + a_{1n}x_n = b_1 \\ a_{21}x_1 + a_{22}x_2 + \cdots + a_{2n}x_n = b_2 \\ \vdots \\ a_{n1}x_1 + a_{n2}x_2 + \cdots + a_{nn}x_n = b_n \end{cases} \qquad (2\text{-}14)$$

将式（2-14）写成矩阵形式为

$$Ax = b$$

$$A = \begin{bmatrix} a_{11} & a_{12} & \cdots & a_{1n} \\ a_{21} & a_{22} & \cdots & a_{2n} \\ \vdots & \vdots & & \vdots \\ a_{n1} & a_{n2} & \cdots & a_{nn} \end{bmatrix}, x = \begin{bmatrix} x_1 \\ x_2 \\ \vdots \\ x_n \end{bmatrix}, b = \begin{bmatrix} b_1 \\ b_2 \\ \vdots \\ b_n \end{bmatrix}$$

若系数矩阵为非奇异的，并且 $a_{ii} \neq 0, i = 1,2,3,\cdots,n$，则方程组（2-14）可改写为

$$\begin{cases} x_1 = \dfrac{1}{a_{11}}(b_1 - a_{12}x_2 - a_{13}x_3 - \cdots - a_{1n}x_n) \\ x_2 = \dfrac{1}{a_{22}}(b_2 - a_{21}x_1 - a_{23}x_3 - \cdots - a_{2n}x_n) \\ \vdots \\ x_n = \dfrac{1}{a_{nn}}(b_n - a_{n1}x_1 - a_{n2}x_2 - \cdots - a_{n,n-1}x_{n-1}) \end{cases}$$

写为迭代格式后为

$$\begin{cases} x_1^{(k+1)} = \dfrac{1}{a_{11}}\left(b_1 - a_{12}x_2^{(k)} - a_{13}x_3^{(k)} - \cdots - a_{1n}x_n^{(k)}\right) \\ x_2^{(k+1)} = \dfrac{1}{a_{22}}\left(b_2 - a_{21}x_1^{(k)} - a_{23}x_3^{(k)} - \cdots - a_{2n}x_n^{(k)}\right) \\ \vdots \\ x_n^{(k+1)} = \dfrac{1}{a_{nn}}\left(b_n - a_{n1}x_1^{(k)} - a_{n2}x_2^{(k)} - \cdots - a_{n,n-1}x_{n-1}^{(k)}\right) \end{cases} \quad (2\text{-}15)$$

式（2-15）也可以简写为

$$x_i^{(k+1)} = \dfrac{1}{a_{ii}}\left(b_i - \sum_{\substack{j=1 \\ j\neq i}}^{n} a_{ij}x_j^{(k)}\right), i = 1, 2, \cdots, n \quad (2\text{-}16)$$

对式（2-15）或式（2-16）给定一组初始值 $\boldsymbol{x}^{(0)} = \left(x_1^{(0)}, x_2^{(0)}, \cdots, x_n^{(0)}\right)^T$，经过反复迭代可得向量序列 $\boldsymbol{x}^{(k)} = \left(x_1^{(k)}, x_2^{(k)}, \cdots, x_n^{(k)}\right)^T$，如果 $\boldsymbol{x}^{(k)}$ 收敛于 $\boldsymbol{x}^* = \left(x_1^*, x_2^*, \cdots, x_n^*\right)^T$，那么方程组（2-14）的解为 $x_i^*(i=1,2,\cdots,n)$，这种方法称作雅可比迭代法，其中式（2-15）和式（2-16）称为雅可比迭代格式。

3. 高斯－赛德尔（Gauss-Seidel）迭代法

若迭代是收敛的，则 $x_i^{(k+1)}$ 比 $x_i^{(k)}$ 更接近原方程的解，所以在迭代过程中及时使用 $x_i^{(k+1)}$ 换掉 $x_i^{(k)}$，可以得到更好的效果，这时式（2-15）可以写为

$$\begin{cases} x_1^{(k+1)} = \dfrac{1}{a_{11}}\left(b_1 - a_{12}x_2^{(k)} - a_{13}x_3^{(k)} - \cdots - a_{1n}x_n^{(k)}\right) \\ x_2^{(k+1)} = \dfrac{1}{a_{22}}\left(b_2 - a_{21}x_1^{(k+1)} - a_{23}x_3^{(k)} - \cdots - a_{2n}x_n^{(k)}\right) \\ \vdots \\ x_n^{(k+1)} = \dfrac{1}{a_{nn}}\left(b_n - a_{n1}x_1^{(k+1)} - a_{n2}x_2^{(k+1)} - \cdots - a_{n,n-1}x_{n-1}^{(k+1)}\right) \end{cases} \quad (2\text{-}17)$$

式（2-17）可以简写为

$$x_i^{(k+1)} = \frac{1}{a_{ii}}\left(b_i - \sum_{j=1}^{i-1} a_{ij}x_j^{(k+1)} - \sum_{j=i+1}^{n} a_{ij}x_j^{(k)}\right), i = 1, 2, \cdots, n \qquad (2\text{-}18)$$

这种方法称作高斯-赛德尔迭代法。

2.4 方程组的性态与误差分析基础

2.4.1 方程组的性态判定

对于已知线性方程组

$$Ax = b$$

如果矩阵 A 与向量 b 产生了扰动 δA 与 δb，那么解方程组

$$(A + \delta A)x_A = b + \delta b$$

所以有 $\dfrac{\|x - x_s\|}{\|x\|} \leqslant \dfrac{\|A^{-1}\|\|A\|}{1 - \|A^{-1}\|\|\delta\|}\left(\dfrac{\|\delta A\|}{\|A\|} + \dfrac{\|\delta b\|}{\|b\|}\right)$

易知 $k(A) = \|A\|\|A^{-1}\|$ 代表解的稳定性，是有效度量，称 $k(A)$ 是矩阵 A 的条件数。

对于方程组 $Ax = b$ 的解的另一个重要衡量尺度是残余向量 $r = b - Ax_A$，若计算出的 r 在某些情况下数值较小，则可以说明算法是稳定的。但 r 小并不能说明计算的值是接近准确值的，比如，对于线性方程组

$$\begin{cases} 0.780x_1 + 0.563x_2 = 0.217 \\ 0.913x_1 + 0.659x_2 = 0.254 \end{cases}$$

的两个近似解 $(0.341, -0.0087)^T$ 和 $(0.999, -1.001)^T$，计算残余向量，两者分别为 $r_1 = (10^{-6}, 0)^T$ 和 $r_2 = (1.343 \times 10^{-3}, 1.572 \times 10^{-3})^T$，其中第 2 个更接近真实解，所以能够求出矩阵条件数的方法是可靠的判别方法。经过总结可得，如果

条件数 $k(A)$ 比较大，那么方程组 $Ax=b$ 是病态的，反之则是良态的。

2.4.2 线性方程组解的误差估计

1. 前提知识

（1）若 $A\in \mathbf{C}^{n\times n}$，$\lambda_1,\lambda_2,\cdots,\lambda_n$ 是 A 的 n 个特征值，则称 $\rho(A)=\max_i(\lambda_i)$ 是方阵 A 的谱半径。

（2）若 A 是方阵，则 $\sum_{k=0}^{\infty}a_kA^k=a_0A^0+a_1A^1+a_2A^2+\cdots+a_kA^k+\cdots$ 是矩阵幂级数，其中 $a_0,a_1,\cdots,a_k,\cdots$ 叫作矩阵幂级数的系数。

（3）已知 x 是线性空间 V 中的任意一个向量，现在定义一个实值函数 $\|x\|$，并且该实值函数满足非负性（若 $x\neq 0$，则 $\|x\|>0$；若 $x=0$，则 $\|x\|=0$）、齐次性（$\|ax\|=|a|\|x\|,a\in\mathbf{C}$）以及三角不等式（$\|x+y\|\leqslant\|x\|+\|y\|$，$x,y\in V$），那么 $\|x\|$ 就是向量 x 的范数。

（4）已知矩阵 $A\in\mathbf{C}^{m\times n}$，现有一实值函数满足四个条件：非负性（当 $A\neq 0$ 时，$\|A\|>0$；当 $A=0$ 时，$\|A\|=0$）、齐次性（$\|aA\|=|a|\cdot\|A\|,a\in\mathbf{C}$）、三角不等式（$\|A+B\|\leqslant\|A\|+\|B\|,B\in\mathbf{C}^{m\times n}$）和相容性（如果 $\mathbf{C}^{m\times n},\mathbf{C}^{n\times l},\mathbf{C}^{m\times l}$ 的同类广义矩阵范数 $\|\cdot\|$，存在关系 $\|A\cdot B\|\leqslant\|A\|\|B\|$，$B\in\mathbf{C}^{n\times l}$，那么 $\|A\|$ 即为 A 的矩阵范数）。

（5）若矩阵 A 是非奇异矩阵，则记 $\kappa(A)=\|A^{-1}\|\|A\|$，而若矩阵 A 是奇异矩阵，则 $\kappa(A)\equiv\infty$，称 $\kappa(A)$ 是关于矩阵范数的条件数。

需要注意的是不等式 $\kappa(A)=\|A^{-1}\|\|A\|\geqslant\|A^{-1}A\|=\|I\|\geqslant 1$ 对于任意矩阵范数都成立。

2. 误差估计

（1）引理 1：若已知 $A\in\mathbf{C}^{m\times n}$，则对于任意的正数，一定存在矩阵范数 $\|\cdot\|_M$ 使得不等式 $\|A\|_M\leqslant\rho(A)+\varepsilon$ 成立。

证明：存在可疑矩阵 $P\in\mathbf{C}^{n\times n}$ 使得 $P^{-1}AP=J$，其中

$$J = \begin{bmatrix} \lambda_1 & \delta_1 & 0 & \cdots & 0 & 0 \\ 0 & \lambda_2 & \delta_2 & \cdots & 0 & 0 \\ \vdots & \vdots & \vdots & \ddots & \vdots & \vdots \\ 0 & 0 & 0 & \cdots & \lambda_{n-1} & \delta_{n-1} \\ 0 & 0 & 0 & \cdots & 0 & \lambda_n \end{bmatrix}$$

式中：$\lambda_1, \lambda_2, \cdots, \lambda_n$ 是 A 的 n 个特征值；δ_i 的值为 0 或者 1。记

$$A_1 = \text{diag}(\lambda_1, \lambda_2, \cdots, \lambda_n)$$

$$\tilde{I} = \begin{bmatrix} 0 & \delta_1 & 0 & \cdots & 0 & 0 \\ 0 & 0 & \delta_2 & \cdots & 0 & 0 \\ \vdots & \vdots & \vdots & \ddots & \vdots & \vdots \\ 0 & 0 & 0 & \cdots & 0 & \delta_{n-1} \\ 0 & 0 & 0 & \cdots & 0 & 0 \end{bmatrix}$$

则 $J = A_1 + \tilde{I}$。令 $D = \text{diag}(1, \varepsilon, \cdots, \varepsilon^{n-1})$，那么

$$(PD)^{-1} A(PD) = D^{-1} P^{-1} APD = D^{-1} JD = A_1 + \varepsilon \tilde{I}$$

如果记 $S = PD$，那么 S 是可逆的，并且有 $\|S^{-1}AS\|_1 = \|A_1 + \varepsilon I\|_1 \leqslant \rho(A) + \varepsilon$，经验证得到 $\|A\|_M = \|S^{-1}AS\|_1$ 是 $\mathbf{C}^{m \times n}$ 上的矩阵范数，那么可以确定 $\|A\|_M = \|S^{-1}AS\|_1 \leqslant \rho(A) + \varepsilon$。

（2）引理 2：若已知 $\lim\limits_{k \to \infty} \left| \dfrac{a_k}{a_{k+1}} \right| = R$，方阵 A 满足关系 $\rho(A) < R$，则矩阵的幂级数一定是收敛的。

证明：当 $\rho(A) < R$ 时，选取满足条件 $\rho(A) + \varepsilon < R$ 的 ε，那么由引理 1 可得，存在范数 $\|\cdot\|$ 使得 $\|A\| \leqslant \rho(A) + \varepsilon$，而 $\|a_k A^k\| = |a_k| \cdot \|A^k\| \leqslant |a_k| \|A\|^k \leqslant |a_k|[\rho(A) + \varepsilon]^k$。因为 $\rho(A) + \varepsilon < R$，所以 $\sum\limits_{k=0}^{\infty} a_k [\rho(A) + \varepsilon]^k$，则 $\sum\limits_{k=0}^{\infty} \|a_k A^k\|$ 绝对收敛，所以 $\sum\limits_{k=0}^{\infty} \|a_k A^k\|$ 绝对收敛。

（3）引理 3：若已知 $A \in \mathbf{C}^{m \times n}$ 是非奇异矩阵，$A_0 \in \mathbf{C}^{m \times n}$

是足够小的矩阵,并且 $A+A_0$ 是可逆矩阵,$\rho(A^{-1}A_0)<1$,则 $(A+A_0)^{-1} = \sum_{k=0}^{\infty}(-1)^k(A^{-1}A_0)^k A^{-1}$。

3. 有关误差的定理

(1) 定理 1:已知

$$Ax = b, (A+A_0)\hat{x} = b, A, A_0 \in \mathbf{C}^{n\times n}, b \in \mathbf{C}^n,$$

则当 $\rho(A^{-1}A_0)<1$ 时,$Ax=b, A\in\mathbf{C}^{n\times n}, b\in\mathbf{C}^n$ 的解的绝对误差有上界,且 $\|x-\hat{x}\| \leq \dfrac{\|A^{-1}A_0\|}{1-\|A^{-1}A_0\|}\|x\|$。

证明:根据引理 3 可得

$$(A+A_0)^{-1} = \sum_{k=0}^{\infty}(-1)^k(A^{-1}A_0)^k A^{-1}$$

所以绝对误差为

$$x - \hat{x} = A^{-1}b - (A+A_0)^{-1}b = \left[A^{-1} - (A+A_0)^{-1}\right]b =$$

$$\sum_{k=1}^{\infty}(-1)^{k+1}(A^{-1}A_0)^k A^{-1}b = \sum_{k=1}^{\infty}(-1)^{k+1}(A^{-1}A_0)^k x$$

如果 $\|A\|$ 是对应的矩阵范数,$\|x\|$ 是相容的向量范数,那么当 $\rho(A^{-1}A_0)<1$ 时,可得 $\|A^{-1}A_0\|<1$ 是成立的,所以

$$\|x-\hat{x}\| \leq \sum_{k=1}^{\infty}\|A^{-1}A_0\|^k \|x\| = \dfrac{\|A^{-1}A_0\|}{1-\|A^{-1}A_0\|}\|x\|$$

(2) 定理 2:已知 $Ax=b, (A+A_0)\hat{x}=b, A, A_0 \in \mathbf{C}^{n\times n}, b \in \mathbf{C}^n$,那么若 $\rho(A^{-1}A_0)<1$,则线性方程组 $Ax=b, A\in\mathbf{C}^{n\times n}, b\in\mathbf{C}^n$ 的解的相对误差有上界,且 $\dfrac{\|x-\hat{x}\|}{\|x\|} \leq \dfrac{\kappa(A)}{1-\kappa(A)(\|A_0\|/\|A\|)}\dfrac{\|A_0\|}{\|A\|}$。

证明：根据定理 1 可得

$$\|x - \hat{x}\| \leq \frac{\|A^{-1}A_0\|}{1 - \|A^{-1}A_0\|}\|x\|$$

那么线性方程组 $Ax = b, A \in \mathbf{C}^{n \times n}, b \in \mathbf{C}^n$ 在求解过程中的相对误差满足如下条件：

$$\frac{\|x - \hat{x}\|}{\|x\|} \leq \frac{\|A^{-1}A_0\|}{1 - \|A^{-1}A_0\|}$$

当 $\rho(A^{-1}A_0) < 1$ 时，$\|A^{-1}A_0\| < 1$ 和 $\|A^{-1}A_0\| \leq \|A^{-1}\|\|A_0\| < 1$ 成立，根据向量范数 $\|\cdot\|$ 和矩阵范数 $\|\cdot\|$ 相容，可得估计式

$$\frac{\|x - \hat{x}\|}{\|x\|} \leq \frac{\|A^{-1}\|\|A_0\|}{1 - \|A^{-1}\|\|A_0\|} = \frac{\|A^{-1}\|\|A_0\|(\|A_0\|/\|A\|)}{1 - \|A^{-1}\|\|A_0\|(\|A_0\|/\|A\|)}$$

根据条件数，可得估计式

$$\frac{\|x - \hat{x}\|}{\|x\|} \leq \frac{\kappa(A)}{1 - \kappa(A)(\|A_0\|/\|A\|)}\frac{\|A_0\|}{\|A\|}$$

（3）定理 3：已知 $Ax = b, (A + A_0)\hat{x} = b + e, A, A_0 \in \mathbf{C}^{n \times n}, b, e \in \mathbf{C}^n$，若 $\rho(A^{-1}A_0) < 1$，则线性方程组 $Ax = b, A \in \mathbf{C}^{n \times n}, b \in \mathbf{C}^n$ 的解存在上界，且 $\dfrac{\|x - \hat{x}\|}{\|x\|} \leq \dfrac{\kappa(A)}{1 - \kappa(A)(\|A_0\|/\|A\|)}\dfrac{\|A_0\|}{\|A\|} + \dfrac{\kappa(A)}{1 - \kappa(A)(\|A_0\|/\|A\|)}\dfrac{\|e\|}{\|b\|}$。

证明：根据引理 3 可知 $(A + A_0)^{-1} = \sum_{k=0}^{\infty}(-1)^k (A^{-1}A_0)^k A^{-1}$，那么绝对误差为

$$x - \hat{x} = A^{-1}b - (A+A_0)^{-1}(b+e)$$
$$= \left[A^{-1} - (A+A_0)^{-1}\right]b - (A+A_0)^{-1}e$$
$$= \sum_{k=1}^{\infty}(-1)^{k+1}\left(A^{-1}A_0\right)^k A^{-1}b + \sum_{k=0}^{\infty}(-1)^{k+1}\left(A^{-1}A_0\right)^k A^{-1}e$$
$$= \sum_{k=1}^{\infty}(-1)^{k+1}\left(A^{-1}A_0\right)^k x + \sum_{k=0}^{\infty}(-1)^{k+1}\left(A^{-1}A_0\right)^k A^{-1}e$$

若给定的矩阵范数和相容的向量范数分别为 $\|A\|$ 和 $\|x\|$，并且 $\rho(A^{-1}A_0)<1$，那么 $\|A^{-1}A_0\|<1$ 和 $\|A^{-1}A_0\| \leqslant \|A^{-1}\|\|A_0\|<1$ 成立，所以

$$\|x - \hat{x}\| \leqslant \sum_{k=1}^{\infty}\|A^{-1}A_0\|^k \|x\| + \sum_{k=0}^{\infty}\|A^{-1}A_0\|^k \|A^{-1}e\|$$

所以有

$$\|x - \hat{x}\| \leqslant \frac{\|A^{-1}A_0\|}{1-\|A^{-1}A_0\|}\|x\| + \frac{\|A^{-1}e\|}{1-\|A^{-1}A_0\|}$$
$$= \frac{\|A^{-1}A_0\|}{1-\|A^{-1}A_0\|}\|x\| + \frac{\|A^{-1}AA^{-1}bb^{-1}e\|}{1-\|A^{-1}A_0\|}$$
$$= \frac{\|A^{-1}A_0\|}{1-\|A^{-1}A_0\|}\|x\| + \frac{\|A^{-1}Axb^{-1}e\|}{1-\|A^{-1}A_0\|}$$
$$\leqslant \frac{\|A^{-1}A_0\|}{1-\|A^{-1}A_0\|}\|x\| + \frac{\|A^{-1}Ab^{-1}e\|}{1-\|A^{-1}A_0\|}\|x\|$$
$$= \left(\frac{\|A^{-1}A_0\|}{1-\|A^{-1}A_0\|} + \frac{\|A^{-1}Ab^{-1}e\|}{1-\|A^{-1}A_0\|}\right)\|x\|$$

所以

$$\frac{\|x-\hat{x}\|}{\|x\|} \leqslant \frac{\|A^{-1}\|\|A_0\|}{1-\|A^{-1}A_0\|} + \frac{\|A^{-1}\|\|A\|}{1-\|A^{-1}\|\|A_0\|}\frac{\|e\|}{\|b\|}$$

$$= \frac{\|A^{-1}\|\|A\|(\|A_0\|/\|A\|)}{1-\|A^{-1}\|\|A\|(\|A_0\|/\|A\|)} + \frac{\|A^{-1}\|\|A\|}{1-\|A^{-1}\|\|A\|(\|A_0\|/\|A\|)}\frac{\|e\|}{\|b\|}$$

$$\leqslant \frac{\kappa(A)}{1-\kappa(A)(\|A_0\|/\|A\|)}\frac{\|A_0\|}{\|A\|} + \frac{\kappa(A)}{1-\kappa(A)(\|A_0\|/\|A\|)}\frac{\|e\|}{\|b\|}$$

（4）定理4：已知线性方程组 $Ax=b, A\in\mathbf{C}^{n\times n}, b\in\mathbf{C}^n$ 的真解是 x，其中一个近似解为 $\hat{x}$，那么其绝对误差满足 $\|x-\hat{x}\|\leqslant\kappa(A)\frac{\|r\|}{\|b\|}\|x\|$；相对误差满足 $\frac{\|x-\hat{x}\|}{\|x\|}\leqslant\kappa(A)\frac{\|r\|}{b}$，其中 $r\equiv b-A\hat{x}$。

证明：因为 $r\equiv b-A\hat{x}$，所以

$$A^{-1}r = A^{-1}(b-A\hat{x}) = A^{-1}b-\hat{x} = x-\hat{x}$$

所以 $\|x-\hat{x}\|=\|A^{-1}r\|\leqslant\|A^{-1}\|\|r\|$，若矩阵范数 $\|\cdot\|$ 与向量范数 $\|\cdot\|$ 相容，则

$$\|b\| = \|Ax\| \leqslant \|A\|\|x\|$$

当 $b\neq 0$ 时，$1\leqslant\|A\|\|x\|/\|b\|$，所以

$$\|x-\hat{x}\| \leqslant \|A^{-1}\|\|r\| \leqslant \frac{\|A\|\|x\|}{\|b\|}\|A^{-1}\|\|r\| =$$

$$\|A^{-1}\|\|A\|\frac{\|r\|}{\|b\|}\|x\| = \kappa(A)\frac{\|r\|}{\|b\|}\|x\|$$

所以

$$\frac{\|x-\hat{x}\|}{\|x\|} \leqslant \kappa(A)\frac{\|r\|}{b}$$

2.5 非线性方程组的牛顿迭代法——校正算法

2.5.1 收敛法的定义

将迭代格式 $x_{k+1} = \varphi(x_k)$ 所产生的迭代序列设为 $\{x_k\}$，误差为 $e_k = x^* - x_k$，如果存在实数 p、c，当 $p \geq 1, c > 0$ 时，有 $\lim\limits_{k \to \infty} \dfrac{|e_{k+1}|}{|e_k|^p} = c$，那么就称迭代序列 $\{x_k\}$ 按照渐进误差常数 c，p 阶收敛到 x^*。当 p 的值为 1，且 c 的值在 0 和 1 之间时，该收敛属于线性收敛；当 p 的值大于 1 时，该收敛属于超线性收敛，其中 p 为 2 时该收敛也叫平方收敛。

若 $x^* = \varphi(x^*)$，且整数 $p > 1$，$\varphi^{(p)}(x)$ 在 $U(x^*)$ 上是连续的，$\varphi'(x^*) = \cdots = \varphi^{(p-1)}(x^*) = 0$，而 $\varphi^{(p)}(x^*) \neq 0$，则从 $\varphi^{(p)}(x^*) \neq 0$ 产生的序列 $\{x_k\}$ 在 $U(x^*)$ 内是 p 阶收敛的。

2.5.2 构造校正算法

根据牛顿迭代法

$$\bar{x}_{k+1} = x_k - \frac{f(x_k)}{f'(x_k)} \qquad (2\text{-}19)$$

可知，如果牛顿迭代法是收敛的，那么是二阶收敛的，并且收敛速度快。随着迭代次数变多，$\|x_k - x_{k-1}\|$ 的值也在变小，那么结合双牛顿迭代法[①]

[①] 雍龙泉. 非线性方程牛顿迭代法研究进展 [J]. 数学的实践与认识，2021，51（15）：240-249.

可得

$$\tilde{x}_{k+1} = \bar{x}_{k+1} - \frac{f(\bar{x}_{k+1})}{f'(\bar{x}_{k+1})} \quad (2\text{-}20)$$

对式（2-19）、式（2-20）进行两次循环迭代，对式（2-20）进行移项可得

$$\bar{x}_{k+1} = \tilde{x}_{k+1} + \frac{f(\bar{x}_{k+1})}{f'(\bar{x}_{k+1})} \quad (2\text{-}21)$$

比较式（2-19）和式（2-21），可以得到

$$x_k - \frac{f(x_k)}{f'(x_k)} = \tilde{x}_{k+1} + \frac{f(\bar{x}_{k+1})}{f'(\bar{x}_{k+1})}$$

所以

$$\tilde{x}_{k+1} = x_k - \frac{f(x_k)}{f'(x_k)} - \frac{f(\bar{x}_{k+1})}{f'(\bar{x}_{k+1})} \quad (2\text{-}22)$$

将记号 $\tilde{x}_{k+1} = z_k, \bar{x}_{k+1} = y_k$ 引入式（2-22）中可得

$$z_k = x_k - \frac{f(x_k)}{f'(x_k)} - \frac{f(y_k)}{f'(y_k)} \quad (2\text{-}23)$$

根据高斯牛顿法预估-校正思想，可设 $f(x)$ 在 $[a,b]$ 上连续，x^* 是 $f(x)=0$ 的不动点，根据 $\int_{x_k}^{x} f'(x)\mathrm{d}x = f(x) - f(x_k)$ 可得 $f(x) = f(x_k) + \int_{x_k}^{x} f'(x)\mathrm{d}x$，对其中的 $\int_{x_k}^{x} f'(x)\mathrm{d}x$ 采用高斯-勒让德求积公式，引用记号 $x = x^*$ 可得

$$f(x^*) = f(x_k) + \frac{x^* - x_k}{2}\left[f'\left(\frac{x^* + x_k}{2} + \frac{x^* - x_k}{2\sqrt{3}}\right) + f'\left(\frac{x^* + x_k}{2} - \frac{x^* - x_k}{2\sqrt{3}}\right)\right]$$

接着根据 $f(x^*) = 0$，记 $x^* = x_{k+1}$，可得

$$x_{k+1}=x_k-\frac{2f(x_k)}{\left[f'\left(\frac{x_{k+1}+x_k}{2}+\frac{x_{k+1}-x_k}{2\sqrt{3}}\right)+f'\left(\frac{x_{k+1}+x_k}{2}-\frac{x_{k+1}-x_k}{2\sqrt{3}}\right)\right]} \quad (2\text{-}24)$$

对式（2-24）进行修正可得如下新的迭代算法

$$\begin{cases} y_k=x_k-\dfrac{f(x_k)}{f'(x_k)} \\ z_k=x_k-\dfrac{f(x_k)}{f'(x_k)}-\dfrac{f(y_k)}{f'(y_k)} \\ x_{k+1}=x_k-\dfrac{2f(x_k)}{f'\left(\dfrac{z_k+x_k}{2}+\dfrac{z_k-x_k}{2\sqrt{3}}\right)+f'\left(\dfrac{z_k+x_k}{2}-\dfrac{z_k-x_k}{2\sqrt{3}}\right)} \end{cases} \quad (2\text{-}25)$$

式中：y_k、z_k、x_{k+1} 分别为预估步、加速步、校正步①。

2.5.3 相应理论分析

设函数 $f(x)$ 与其各阶导数在根 x^* 的 $U(x^*)$ 内是连续的，当函数的初值 x_0 接近 x^* 时，可以得到如下两个结论：

（1）当函数 $f(x)$ 的值为 0，且 x^* 是单根时，$f(x^*)=0, f'(x^*)\neq 0$，根据式（2-25）可知，若 $x_k=x^*$，则 $y_k=x^*-\dfrac{f(x^*)}{f'(x^*)}=x^*$，所以 $f(y_k)=f(x^*)=0$，同理可得 $f(z_k)=0$。

对于式（2-25）中的迭代函数可取

---

① 常丑娥，孟国艳. 基于牛顿迭代法的一类新预估-校正算法[J]. 山西大同大学学报（自然科学版），2023，39（5）：44-47.

$$\Phi(x) = x - \frac{2f(x)}{f'\left(\frac{\varphi(\varphi(x))+x}{2} + \frac{\varphi(\varphi(x))-x}{2\sqrt{3}}\right) + f'\left(\frac{\varphi(\varphi(x))+x}{2} - \frac{\varphi(\varphi(x))-x}{2\sqrt{3}}\right)}$$

（2-26）

式中：$\varphi(x) = x - \dfrac{f(x)}{f'(x)}$，那么可根据收敛阶定理得到

$$\Phi'(x^*) = \Phi'(x)\big|_{x=x^*} = 0$$

$$\Phi''(x^*) = \Phi''(x)\big|_{x=x^*} = -\frac{f''(x^*)}{f'(x^*)} \neq 0$$

根据收敛性定理可知，当 x^* 是函数 $f(x)=0$ 的单根时，构造的算法（2-25）二阶收敛。

（2）当函数 $f(x)$ 的值为 0，且 x^* 是 m（$m \geq 2$）重根时，可令 $f(x) = (x-x^*)^m g(x)$，其中 $g(x^*) \neq 0$，那么

$$f(x^*) = f'(x^*) = \cdots = f^{(m-1)}(x^*) = 0$$

$$f^{(m)}(x^*) \neq 0$$

从迭代格式式（2-25）中可知

$$\varphi'(x^*) = \frac{f(x) \cdot f''(x)}{\left[f'(x)\right]^2}\bigg|_{x=x^*} \neq 0$$

$$\Phi'(x^*) \neq 0$$

所以由收敛阶定理可知，若 x^* 是 $f(x)=0$ 的重根，则构造的算法（2-25）是线性收敛的。[①]

[①] 常丑娥，孟国艳. 基于牛顿迭代法的一类新预估－校正算法[J]. 山西大同大学学报（自然科学版），2023，39（5）：44-47.

第 3 章　矩阵特征值问题的数值方法

3.1 特征值的乘幂法与反幂法基础

3.1.1 乘幂法

乘幂法是求绝对值最大的特征值的方法。若实数方阵 A 的 n 个特征值是 λ_i, $i=1,2,3,\cdots,n$，设 A 的特征值的模的大小关系为 $|\lambda_1|\geqslant|\lambda_2|\geqslant|\lambda_3|\geqslant\cdots\geqslant|\lambda_n|$，和特征值 λ_i 相对应的特征向量是 x_i，设 $Ax_i=\lambda_i x_i$（$i=1,2,3,\cdots n$），并且它们是线性无关的。设 v 是一非 0 的 n 维向量，从 v_0 开始构建向量序列 $\{v_k\}$ 来逼近向量 x_i，与此同时构造数列 $\{t_k\}$ 来逼近相应的最大特征值（按照模的大小）。

运用乘幂法得到向量序列 $\{v_k\}$ 与数列 $\{t_k\}$ 的方法如下：

所有 n 维非零向量 v_0 都可以表示成 x_i 的线性组合，即 $v_0=\alpha_1 x_1+\alpha_1 x_2+\cdots+\alpha_n x_n$，且 $\alpha_1,\alpha_2,\cdots,\alpha_n$ 不都是零，所以对该式进行左乘 A 运算的后可以得到如下向量序列：

$$\begin{aligned}v_k &= A^k v_0 \\ &= \alpha_1 A^k x_1 + \alpha_2 A^k x_2 + \cdots + \alpha_n A^k x_n \\ &= \alpha_1 \lambda_1^k x_1 + \alpha_2 \lambda_2^k x_2 + \cdots + \alpha_n \lambda_n^k x_n \\ &= \lambda_1^k \left[\alpha_1 x_1 + \left(\frac{\lambda_2}{\lambda_1}\right)^k \alpha_2 x_2 + \cdots + \left(\frac{\lambda_n}{\lambda_1}\right)^k \alpha_n x_n \right] \end{aligned}$$

易知 $v_k=Av_{k-1}$，通过这些过程可知，当 α_1 不为 0 时，随着 k 接近正无穷，

$$\left(\frac{\lambda_i}{\lambda_1}\right)^k \to 0, i=2,3,\cdots,n$$

所以当 k 接近正无穷时，可以得到 $v_k \approx \lambda_1^k \alpha_1 x_1$，可以将 v_k 近似看成 λ_1

所对应的特征向量，v_k 和 v_{k-1} 两者对应的分量之比是

$$\frac{(v_k)_i}{(v_{k-1})_i} = \frac{\left[\left(\frac{\lambda_n}{\lambda_1}\right)^k \alpha_n x_n\right]_i}{\left[\left(\frac{\lambda_n}{\lambda_1}\right)^{k-1} \alpha_n x_n\right]_i}$$

$$\approx \frac{\lambda_1^k \alpha_1 (x_1)_i}{\lambda_1^{k-1} \alpha_1 (x_1)_i}$$

$$\approx \lambda_1 \frac{\alpha_1 (x_1)_i}{\alpha_1 (x_1)_i} = \lambda_1$$

上列计算过程并不完美，其本身存在巨大缺陷，当 $|\lambda_1|>1$ 时，$\lambda_1^k \to \infty$；当 $|\lambda_1|<1$ 时，$\lambda_1^k \to 0$。在向量序列 $\{v_k\}$ 中的向量会随着 k 的值变大而变大，且会无限变大，或者是随着 k 的值变大而趋近于零。为解决这样的问题，数学家提出了下列乘幂法：

对于初始向量 v_0，接着进行重复计算：

$$\begin{cases} Z_k = Av_{k-1} \\ m_k = \max(Z_k), k=1,2,\cdots \\ v_k = \frac{Z_k}{m_k} \end{cases}$$

式中：$\max(Z_k)$ 表示绝对值最大的向量的分量。

例如，初始向量是 $v_0 = (-2,3,-6,2)^T$，那么 $\max(v_0)=-6$，根据上面算法计算可以得到

$$\lim_{k \to \infty} v_k = \frac{x_1}{\max(x_1)}$$

$$\lim_{k \to \infty} m_k = \lambda_1$$

因为

$$v_k = \frac{Z_k}{m_k} = \frac{Av_{k-1}}{m_k} = \frac{A^2 v_{k-2}}{m_k m_{k-1}} = \cdots = \frac{A^k v_0}{m_k m_{k-1} \cdots m_1} = \frac{A^k v_0}{\prod_{i=1}^{k} m_i}$$

而且 v_k 的最大分量是 1, 所以

$$\prod_{i=1}^{k} m_i = \max(A^k v_0)$$

从而可以得到

$$v_k = \frac{A^k v_0}{\max(A^k v_0)} = \frac{\lambda_1^k \left[\alpha_1 x_1 + \sum_{i=2}^{n} \alpha_i \left(\frac{\lambda_i}{\lambda_1}\right)^k x_i \right]}{\max\left\{ \lambda_1^k \left[\alpha_1 x_1 + \sum_{i=2}^{n} \alpha_i \left(\frac{\lambda_i}{\lambda_1}\right)^k x_i \right] \right\}}$$

$$= \frac{\alpha_1 x_1 + \sum_{i=2}^{n} \alpha_i \left(\frac{\lambda_i}{\lambda_1}\right)^k x_i}{\max\left[\alpha_1 x_1 + \sum_{i=2}^{n} \alpha_i \left(\frac{\lambda_i}{\lambda_1}\right)^k x_i \right]}$$

所以

$$\lim_{k \to \infty} v_k = \frac{\alpha_1 x_1}{\max(\alpha_1 x_1)} = \frac{x_1}{\max(x_1)}$$

又因为

$$Z_k = Av_{k-1} = \frac{A^k v_0}{\max(A^k v_0)} = \frac{\lambda_1^k \left[\alpha_1 x_1 + \sum_{i=2}^{n} \left(\frac{\lambda_i}{\lambda_1}\right)^k \alpha_i x_i \right]}{\lambda_1^{k-1} \max\left[\alpha_1 x_1 + \sum_{i=2}^{n} \left(\frac{\lambda_i}{\lambda_1}\right)^{k-1} \alpha_i x_i \right]}$$

所以

$$m_k = \max(Z_k) = \lambda_1 \frac{\max\left[\alpha_1 x_1 + \sum_{i=2}^{n}\left(\frac{\lambda_i}{\lambda_1}\right)^k \alpha_i x_i\right]}{\max\left[\alpha_1 x_1 + \sum_{i=2}^{n}\left(\frac{\lambda_i}{\lambda_1}\right)^{k-1} \alpha_i x_i\right]}$$

经过上面的运算后可以得到 $\lim\limits_{k\to\infty} m_k = \lambda_1$，这说明 m_k 是收敛于 λ_1 的，而其收敛速度和 $\left|\frac{\lambda_2}{\lambda_1}\right|$ 有关，这个比值称作收敛率，而 λ_1 称作主特征值，主特征值所对应的特征向量称作主特征向量。

例如，已知 $A = \begin{bmatrix} 7 & 3 & -2 \\ 3 & 4 & -1 \\ -2 & -1 & 3 \end{bmatrix}$，其最大特征值以及其相对应的特征向量分别是 λ_1 和 x_1，当特征值有三位小数时结束迭代，求 λ_1 和 x_1。

解：初始向量选取 $v_0 = (1,1,1)^T \neq \mathbf{0}$，迭代过程如表 3-1 所示。

表 3-1 迭代过程

k	v_1^T	$\max(Z_k)$
1	(1, 0.75, 2)	8
2	(1, 0.648 648 649, -0.029 729 729 7)	9.25
4	(1, 0.608 798 347, -0.388 839 681)	9.594 900 850
6	(1, 0.605 776 832, -0.394 120 752)	9.605 429 002
7	(1, 0.605 609 752, -0.394 368 924)	9.605 579 002

令 $\lambda_1 \approx 9.605\,572$，则对应的特征向量为 $x_1 \approx (1, 0.605\,609\,752, -0.394\,368\,924)^T$。

3.1.2 反幂法

若矩阵 A 是非奇异的，A 的特征向量 x_i 和特征值 λ_i 之间的关系是

$Ax_i = \lambda_i x_i$,则可以推出 $A^{-1}x_i = \frac{1}{\lambda_i}x_i$,即 λ_i^{-1} 是 A^{-1} 的特征值,而用 A^{-1} 代替 A 做乘幂法的方法叫作反幂法,若 A 的特征值满足条件 $|\lambda_1| \geqslant |\lambda_2| \geqslant \cdots \geqslant |\lambda_n|$,则 A^{-1} 的特征值满足 $|\lambda_n^{-1}| \geqslant |\lambda_{n-1}^{-1}| \geqslant \cdots \geqslant |\lambda_1^{-1}|$,而且 λ_n 与 λ_n^{-1} 相同。用乘幂法得到的 A^{-1} 的模最大的特征值以及其对应的特征向量分别是 λ_n^{-1} 和 x_n,那么 λ_n 和 x_n 分别是 A 的模最小的特征值和其对应的特征向量。

反幂法的计算过程如下:

$$\begin{cases} Z_k = A^{-1}v_{k-1} \\ m_k = \max(Z_k) \\ v_k = \frac{Z_k}{m_k}, k=1,2,\cdots \end{cases}$$

在计算过程中不需要求出逆矩阵,可以使用解方程组的方法。下面是反幂法的计算公式

$$\begin{cases} AZ_k = v_{k-1} \\ m_k = \max(Z_k) \\ v_k = \frac{Z_k}{m_k}, k=1,2,\cdots \end{cases}$$

和乘幂法类似,当 k 趋近正无穷时,会有 $\lim\limits_{k \to \infty} v_k = \frac{x_k}{\max(x_n)}$ 和 $\lim\limits_{k \to \infty} m_k = \frac{1}{\lambda_n}$,迭代速度是 $\left|\frac{\lambda_n}{\lambda_{n-1}}\right|$,对 A 进行三角分解后,每次迭代只需要解两个三角形方程组 $\begin{cases} Lx = v_{k-1} \\ UZ_k = x \end{cases}$ 即可得到 Z_k 和 v_k。

例如,用反幂法求 $A = \begin{bmatrix} 3 & 2 \\ 4 & 5 \end{bmatrix}$ 的最小特征值以及其对应的特征向量(有

效数字需要精确到 7 位）。

解：令 $v_0 = \begin{bmatrix} 1 \\ 1 \end{bmatrix}$，则通过反幂法可以得到如下解题过程

$$Z_1 = \begin{bmatrix} 0.428\,571 \\ -0.142\,857 \end{bmatrix}, \quad m_1 = 0.428\,571, \quad v_1 = \begin{bmatrix} 1.000\,000 \\ -0.333\,333 \end{bmatrix}$$

$$Z_2 = \begin{bmatrix} 0.809\,524 \\ -0.714\,286 \end{bmatrix}, \quad m_2 = 0.809\,524, \quad v_2 = \begin{bmatrix} 1.000\,000 \\ -0.882\,353 \end{bmatrix}$$

$$Z_3 = \begin{bmatrix} 0.966\,387 \\ -0.949\,580 \end{bmatrix}, \quad m_3 = 0.966\,387, \quad v_3 = \begin{bmatrix} 1.000\,000 \\ -0.982\,608 \end{bmatrix}$$

$$Z_4 = \begin{bmatrix} 0.995\,031 \\ -0.992\,546 \end{bmatrix}, \quad m_4 = 0.995\,031, \quad v_4 = \begin{bmatrix} 1.000\,000 \\ -0.997\,503 \end{bmatrix}$$

$$Z_5 = \begin{bmatrix} 0.999\,287 \\ -0.998\,930 \end{bmatrix}, \quad m_5 = 0.999\,287, \quad v_5 = \begin{bmatrix} 1.000\,000 \\ -0.999\,643 \end{bmatrix}$$

$$Z_6 = \begin{bmatrix} 0.999\,898 \\ -0.999\,847 \end{bmatrix}, \quad m_6 = 0.999\,898, \quad v_6 = \begin{bmatrix} 1.000\,000 \\ -0.999\,949 \end{bmatrix}$$

$$Z_7 = \begin{bmatrix} 0.999\,985 \\ -0.999\,978 \end{bmatrix}, \quad m_7 = 0.999\,985, \quad v_7 = \begin{bmatrix} 1.000\,000 \\ -0.999\,993 \end{bmatrix}$$

$$Z_8 = \begin{bmatrix} 0.999\,998 \\ -0.999\,997 \end{bmatrix}, \quad m_8 = 0.999\,998, \quad v_8 = \begin{bmatrix} 1.000\,000 \\ -0.999\,999 \end{bmatrix}$$

$$Z_9 = \begin{bmatrix} 1.000\,000 \\ -1.000\,000 \end{bmatrix}, \quad m_9 = 1.000\,000, \quad v_9 = \begin{bmatrix} 1.000\,000 \\ -1.000\,000 \end{bmatrix}$$

$$Z_{10} = \begin{bmatrix} 1.000\,000 \\ -1.000\,000 \end{bmatrix}, \quad m_{10} = 1.000\,000, \quad v_{10} = \begin{bmatrix} 1.000\,000 \\ -1.000\,000 \end{bmatrix}$$

特征值和对应的特征向量取 $m_{10} = 1.000\,000$，$v_{10} = \begin{bmatrix} 1.000\,000 \\ -1.000\,000 \end{bmatrix}$。

3.2 雅可比方法在特征值问题中的应用

雅可比方法主要是用来计算对称矩阵的所有特征值和特征向量的方法，雅可比方法的基本思想：实对称矩阵必有一对角矩阵与其相似，对角矩阵的对角线上的元素就是要求的特征值。例如，已知对称矩阵 $A \in \mathbf{R}^{n \times n}$，设与其对应的正交矩阵是 P，则

$$PAP^{-1} = \text{diag}(\lambda_1, \lambda_2, \cdots, \lambda_n) = D$$

式中：$\lambda_1, \lambda_2, \cdots, \lambda_n$ 是矩阵 A 的特征值；P^T 的几个列向量 $v_1, v_2, \cdots, v_n$ 是其对应的特征向量。接下来分析如何求得正交矩阵 P。当 n 的值为 2 时，将 A 设为 $A = \begin{bmatrix} a_{11} & a_{12} \\ a_{21} & a_{22} \end{bmatrix}$，令 $P = \begin{bmatrix} \cos\theta & \sin\theta \\ -\sin\theta & \cos\theta \end{bmatrix}$，此时 P 为正交矩阵。令 $PAP^\text{T} = C = \begin{bmatrix} c_{11} & c_{12} \\ c_{21} & c_{22} \end{bmatrix}$，经过矩阵乘法运算后可得

$$c_{11} = a_{11} \cos^2\theta + a_{21} \sin 2\theta + a_{22} \sin^2\theta$$

$$c_{21} = c_{12} = \frac{1}{2}(a_{22} - a_{11}) \sin 2\theta + a_{21} \cos 2\theta$$

$$c_{22} = -a_{12} \sin 2\theta + a_{11} \sin^2\theta + a_{22} \cos^2\theta$$

若要使 $PAP^\text{T} = C$ 是对角矩阵，需要选择合适的角度 θ 使得 $c_{21} = c_{12} = 0$，即 $\frac{1}{2}(a_{22} - a_{11}) \sin 2\theta + a_{21} \cos 2\theta = 0$，由此可得 $\tan 2\theta = \dfrac{2a_{21}}{a_{11} - a_{22}}$，进而可求得 θ 的值。

雅可比方法的基本思想也可以延伸到一般情况中去，设 $A \in \mathbf{R}^{n \times n}$，$\mathbf{R}^n$ 平面经过旋转变换后得到 $Y = PX$，即 $y_i = x_i \cos\theta + x_j \sin\theta$，$y_j = -x_i \sin\theta + x_j \cos\theta$，

当 $k \neq i, j$ 时，有 $y_k = x_k$，从而得到

$$P = \begin{bmatrix} 1 & & & & & & & & \\ & \ddots & & & & & & & \\ & & \cos\theta & & & \sin\theta & & & \\ & & & 1 & & & & & \\ & & & & \ddots & & & & \\ & & & & & 1 & & & \\ & & -\sin\theta & & & \cos\theta & & & \\ & & & & & & & 1 & \\ & & & & & & & & \ddots \\ & & & & & & & & & 1 \end{bmatrix} \equiv P(i,j)$$

P 为平面旋转矩阵，且是正交矩阵；P 和单位矩阵在且仅在 $(i,i),(i,j),(j,i),(j,j)$ 这四个位置的元素不同；PA 只会改变 A 中第 i、j 行的元素，AP^T 只会改变 A 中第 i、j 列的元素，而 PAP^T 则会改变 A 中第 i、j 行与第 i、j 列的元素；有以下四个性质：

（1）$(P(i,j)A)_{i行} = \cos\theta(A)_{i行} + \sin\theta(A)_{j行}$；

（2）$(P(i,j)A)_{j行} = -\sin\theta(A)_{i行} + \cos\theta(A)_{j行}$；

（3）$\left(AP^T(i,j)\right)_{i列} = \cos\theta(A)_{i列} + \sin\theta(A)_{j列}$；

（4）$\left(AP^T(i,j)\right)_{j列} = -\sin\theta(A)_{i列} + \cos\theta(A)_{j列}$。

若 $A \in \mathbf{R}^{n \times n}$ 是对称矩阵，并且 $C = PAP^T$，根据矩阵的 F-范数定义可得，$\|C\|_F^2 = \|A\|_F^2$。证明过程如下：

$$\|A\|_F^2 = \sum_{i=1}^n \sum_{j=1}^n a_{ij}^2 = \mathrm{tr}(A^T A) = \mathrm{tr}(A^2)$$

$$= \sum_{i=1}^n \lambda_i^2(A) \|C\|_F^2 = \mathrm{tr}(C^T C) = \mathrm{tr}(C^2) = \sum_{i=1}^n \lambda_i^2(C)$$

因为相似变换并不会改变矩阵的特征值，所以 $\lambda_i(A) = \lambda_i(C)$。

若 $A \in \mathbf{R}^{n \times n}$ 是对称矩阵，根据初等正交矩阵的性质可以得出 $C = PAP^T$

的元素 c_{ij} 的计算公式如下：

（1）
$$c_{ii} = a_{ii}\cos^2\theta + a_{ij}\sin 2\theta + a_{jj}\sin^2\theta, \ c_{ij} = -a_{ij}\sin 2\theta + a_{ii}\sin^2\theta + a_{jj}\cos^2\theta;$$

（2） $c_{ij} = c_{ji} = \dfrac{1}{2}(a_{jj} - a_{ii})\sin 2\theta + a_{ij}\cos 2\theta$；

（3）第 i 行元素 $c_{ik} = c_{ki} = a_{ik}\cos\theta + a_{jk}\sin\theta, k \neq i,j$；

（4）第 j 行元素 $c_{jk} = c_{kj} = a_{jk}\cos\theta - a_{ik}\sin\theta, k \neq i,j$；

（5）第 i 行元素 $c_{ki} = a_{ki}\cos\theta + a_{kj}\sin\theta, k \neq i,j$；

（6）第 j 行元素 $c_{kj} = a_{kj}\cos\theta - a_{ki}\sin\theta, k \neq i,j$；

（7）其他元素不变 $c_{lk} = a_{lk}, l,k \neq i,j$。

由上述计算公式可知，如果矩阵 A 中的非对角线元素 a_{ij} 不为零，那么可以用正交矩阵 $P(i,j)$ 使 PAP^T 的元素 c_{ij} 和 c_{ji} 都为零，由此可以得到定理：在满足 $A \in \mathbf{R}^{n\times n}$ 是对称矩阵，并且 A 的非对角线元素 a_{ij} 不为零的条件下，就可以选择一个正交矩阵 $P(i,j)$ 使得 c_{ij} 和 c_{ji} 都为零，且 $C = PAP^T$ 和 A 中的元素满足下列关系：

（1） $c_{ik}^2 + c_{jk}^2 = a_{ik}^2 + a_{jk}^2, k \neq i,j$；

（2） $c_{ii}^2 + c_{jj}^2 = a_{ii}^2 + a_{jj}^2 + 2a_{ij}^2$；

（3） $c_{lk}^2 = a_{lk}^2, l,k \neq i,j$。

接着引进记号 $D(A) = \sum a_{kk}^2, S(A) = \sum\limits_{l \neq k} a_{lk}^2$，那么根据上面的内容可知 $D(C) = D(A) + 2a_{ij}^2, S(C) = S(A) - 2a_{ij}^2$，由此可知，经过多次平面旋转变换之后得到的新矩阵 C 的对角线元素的平方和会越来越大，而非对角线元素的平方和会越来越小，这恰是雅可比方法的基本思想。

例如，用雅可比方法求 $A = \begin{bmatrix} 2 & -1 & 0 \\ -1 & 2 & -1 \\ 0 & -1 & 2 \end{bmatrix}$ 的所有特征值和特征向量。

解：令 $a_{12} = -1, y = 0$，则

$$P_1 = \begin{bmatrix} \dfrac{1}{\sqrt{2}} & \dfrac{1}{\sqrt{2}} & 0 \\ \dfrac{-1}{\sqrt{2}} & \dfrac{1}{\sqrt{2}} & 0 \\ 0 & 0 & 1 \end{bmatrix}, A_1 = P_1 A P_1^{\mathrm{T}} = \begin{bmatrix} 1 & 0 & \dfrac{-1}{\sqrt{2}} \\ 0 & 3 & \dfrac{-1}{\sqrt{2}} \\ \dfrac{-1}{\sqrt{2}} & \dfrac{-1}{\sqrt{2}} & 2 \end{bmatrix}$$

令 $a_{13} = \dfrac{-1}{\sqrt{2}}, i = 1, j = 3$，则

$$y = |a_{11} - a_{33}| = 1, x = -2a_{13} \approx 1.414\,213\,6$$

$$\cos 2\theta = \dfrac{y}{\sqrt{x^2 + y^2}} \approx 0.577\,350\,3, \sin 2\theta = \dfrac{x}{\sqrt{x^2 + y^2}} \approx 0.816\,496\,6$$

$$\cos \theta = \sqrt{\dfrac{1 + \cos 2\theta}{2}} \approx 0.888\,073\,8, \sin \theta = \dfrac{\sin 2\theta}{2\cos \theta} \approx 0.459\,700\,9$$

则

$$P_2 = \begin{bmatrix} 0.888\,073\,8 & 0 & 0.459\,700\,9 \\ 0 & 1 & 0 \\ -0.459\,700\,9 & 0 & 0.888\,073\,8 \end{bmatrix}$$

所以

$$A_2 = P_2 A_1 P_2^{\mathrm{T}} = \begin{bmatrix} 0.633\,98 & -0.325\,05 & 0 \\ -0.325\,05 & 3 & -0.627\,97 \\ 0 & -0.627\,97 & 2.366\,03 \end{bmatrix}$$

进而可以求得 A 的所有特征值与特征向量。

3.3 QR 方法及其在计算特征值中的重要性

目前，QR 方法是求一般矩阵的所有特征值的较有效的方法之一。

3.3.1 豪斯霍尔德变换

若 v 是 n 维向量的单位向量，$v^\mathrm{T}v=1$，n 阶单位矩阵用 I_n 表示，令 $H = I_n - 2vv^\mathrm{T}$，则称 H 是豪斯霍尔德（Householder）矩阵，也称镜像矩阵，还称初等反射矩阵。而 H 是对称矩阵，即 $H^\mathrm{T} = H \left[H^\mathrm{T} = \left(I_n - 2vv^\mathrm{T}\right)^\mathrm{T} = I_n - 2vv^\mathrm{T} = H \right]$。由 $v^\mathrm{T}v = 1$ 可得

$$HH^\mathrm{T} = HH = \left(I_n - 2vv^\mathrm{T}\right)\left(I_n - 2vv^\mathrm{T}\right) = I_n - 4vv^\mathrm{T} + 4v\left(v^\mathrm{T}v\right)v^\mathrm{T} = I_n$$

所以 H 还是正交矩阵，即 $H^{-1} = H^\mathrm{T}$。

由此可知，若 $v = \left(\dfrac{1}{\sqrt{2}}, -\dfrac{1}{\sqrt{2}}\right)^\mathrm{T}, \|v\|_2^2 = v^\mathrm{T}v = 1$，则其对应的 H 为

$$H = \begin{bmatrix} 1 & 0 \\ 0 & 1 \end{bmatrix} - 2 \begin{bmatrix} \dfrac{1}{\sqrt{2}} \\ -\dfrac{1}{\sqrt{2}} \end{bmatrix} \begin{bmatrix} \dfrac{1}{\sqrt{2}}, -\dfrac{1}{\sqrt{2}} \end{bmatrix} = \begin{bmatrix} 0 & 1 \\ 1 & 0 \end{bmatrix}$$

根据豪斯霍尔德变换，若 x、y 是两个不等的 n 维列向量，并且满足条件 $\|x\|_2 = \|y\|_2$，则一定会存在一个 n 阶的镜像矩阵 H，使得 $Hx = y$。证明过程如下：

因为 x 与 y 不相等，所以 $\|x - y\|_2 \neq 0$。设辅助向量为 $v = (x - y)/\|x - y\|_2$，即 $v^\mathrm{T}v = 1$，那么辅助向量 v 是单位向量，镜像矩阵

$$H = I_n - 2vv^T = I_n - 2\frac{(x-y)(x^T - y^T)}{\|x-y\|_2^2}$$

于是

$$Hx = x - 2\frac{(x-y)(x^T - y^T)}{\|x-y\|_2^2}x = x - 2\frac{(x-y)(x^T x - y^T x)}{\|x-y\|_2^2}$$

由上面的过程可知 $\|x\|_2 = \|y\|_2$,那么可得

$$\|x-y\|_2^2 = (x-y)^T(x-y) = 2(x^T x - y^T x)$$

所以

$$Hx = x - (x-y) = y$$

镜像矩阵有非常重要的作用,比如,假设 x 是 n 维列向量,令 $\alpha = \pm\|x\|_2$,且 $x \neq -\alpha e_1$,那么一定存在一个镜像矩阵 $H = I_n - 2\frac{uu^T}{\|u\|_2^2} = I_n - \rho^{-1}uu^T$,使得 $Hx = -\alpha e_1$,$e_1 = (1, 0, \cdots, 0)^T$,$n$ 阶单位矩阵 I_n 的第 1 列为 $e_1 = (1, 0, \cdots, 0)^T$。其中,$\alpha$ 的求解过程如下:

设 $x = (x_1, x_2, \cdots, x_n)^T \neq \mathbf{0}, u = (u_1, u_2, \cdots, u_n)^T$,则

$$u = x + \alpha e_1 = (x_1 + \alpha, x_2, \cdots, x_n)^T$$

$$\rho = \frac{1}{2}\|u\|_2^2 = \frac{1}{2}\left[(x_1 + \alpha)^2 + x_2^2 + \cdots + x_n^2\right] = \alpha(\alpha + x_1)$$

在计算过程中,因为当 α 与 x_1 异号时,$\alpha + x_1$ 的有效数字会有损失,所以 α 与 x_1 需要取相同的符号,即 $\alpha = \text{sgn}(x_1)\|x\|_2$,其中 $\text{sgn}(x_1)$ 的取值满足下面的条件:

$$\text{sgn}(x_1) = \begin{cases} 1, x_1 > 0 \\ 0, x_1 = 0 \\ -1, x_1 < 0 \end{cases}$$

若 $x=(x_1,x_2,\cdots,x_n)^T$，并且 x 后面的 $n-k$ 个分量不都是 0，则一定存在一个 n 阶正交矩阵 Q，Qx 中前面的 $k-1$ 个分量和 x 中的分量一一对应且相同，但是后面 $n-k$ 个分量都为 0。证明过程如下：

记 $x=(x_1,x_2,\cdots,x_n)^T$，$\alpha_k=\text{sgn}(x_k)\|v\|_2$，又 e_1 是 $n-k+1$ 阶单位矩阵的第 1 列，由上述定理知，存在这样的 $n-k+1$ 阶镜像矩阵 H_{n-k+1}，使得 $H_{n-k+1}v=-\alpha_k e_1$。

记 $f=(x_1,x_2,\cdots,x_{k-1})^T$，$n$ 阶矩阵 $Q=\begin{bmatrix} I_{k-1} & 0 \\ 0 & H_{n-k+1} \end{bmatrix}$，$Q$ 是正交矩阵且

$$Qx=\begin{bmatrix} I_{k-1} & 0 \\ 0 & H_{n-k+1} \end{bmatrix}\begin{bmatrix} f \\ v \end{bmatrix}=\begin{bmatrix} f \\ -\alpha_k e_1 \end{bmatrix}$$

即 Qx 的前 $k-1$ 个分量与 x 的前 $k-1$ 个分量相同，第 k 个分量等于 $-\alpha_k$，而后面 $n-k$ 个分量等于 0。

3.3.2 QR 分解

若 A 是一个 n 阶实非奇异矩阵，则必然存在正交矩阵 Q 和三角矩阵 R，使得矩阵 $A=QR$，并且在 R 的对角线元素都为正数时，其分解具有唯一性。使用 QR 分解求一阶方阵的全部特征值时，先令 $A_1=A$，再对 A_1 进行 QR 分解。令 $A_1=Q_1R_1$，$A_2=R_1Q_1$，再对 A_2 进行 QR 分解，以此类推可以得到矩阵序列 $\{A_i\}$，其过程表示为 $A_1=A$，$A_k=Q_kR_k$，$A_{k+1}=R_kQ_k$。

例如，已知 $A=\begin{bmatrix} 0 & 2 & 0 \\ 2 & 1 & 2 \\ 0 & 2 & 1 \end{bmatrix}$，使用豪斯霍尔德变换将矩阵 A 变换为 QR 分解形式，过程如下：

（1）令 $A_1=A$，$A=[a_1,a_2,a_3]$

（2）求使得 H_1a_1 与 e_1 同方向的 $H_1a_1=\delta_1 e_1$。

$$\delta_1=\text{sgn}(a_{11})\left(\sum_{i=1}^{3}a_{i1}^2\right)^{1/2}=\sqrt{0+2^2+0}=2$$

$$u_1 = a_1 + \delta_1 e_1 = (0,2,0)^T + 2(1,0,0)^T = (2,2,0)^T$$

$$\rho_1 = \frac{1}{2}\|u_1\|_2^2 = \delta_1(\delta_1 + a_{11}) = 4$$

$$H_1 = I - \rho_1^{-1} u_1 u_1^T = \begin{bmatrix} 0 & -1 & 0 \\ -1 & 0 & 0 \\ 0 & 0 & 1 \end{bmatrix}$$

$$A_2 = H_1 A_1 = \begin{bmatrix} -2 & -1 & -2 \\ 0 & -2 & 0 \\ 0 & 2 & 1 \end{bmatrix}$$

（3）令 $a_2^{(2)} = (-2, 2)^T$，求 $H_2^{(2)}$，使 $H_2^{(2)} a_2^{(2)}$ 与 $e_1^{(2)}$ 同向，即 $H_2^{(2)} a_2^{(2)} = -\delta_1^{(2)} e_1^{(2)}$。

经过计算可得

$$\delta_1^{(2)} = \text{sgn}(a_{22}^{(2)}) \left(\sum_{i=2}^{3} a_{i2}^2 \right)^{1/2} = -\sqrt{(-2)^2 + 2^2} = -2\sqrt{2}$$

$$u_2^{(2)} = a_2^{(2)} + \delta_1^{(2)} e_1^{(2)} = (-4.828, 2)^T$$

$$\rho_2 = \frac{1}{2} \|u_2^{(2)}\|_2^2 = \delta_1^{(2)}(\delta_1^{(2)} + a_{22}^{(2)}) = 13.657$$

$$H_2^{(2)} = I - \rho_2^{-1} u_2^{(2)} u_2^{(2)T} = \begin{bmatrix} -0.707 & 0.707 \\ 0.707 & 0.707 \end{bmatrix}$$

所以

$$H_2 = \begin{bmatrix} 1 & 0 & 0 \\ 0 & -0.707 & 0.707 \\ 0 & 0.707 & 0.707 \end{bmatrix}$$

$$A_3 = H_2 A_2 = H_2 H_1 A_1 = \begin{bmatrix} -2 & -1 & -2 \\ 0 & 2.828 & 0.707 \\ 0 & 0 & 0.707 \end{bmatrix} = R$$

最后可得

$$A = (H_2 H_1)^T R = H_1^T H_2^T R = QR$$

$$Q = H_1^T H_2^T = \begin{bmatrix} 0 & 0.707 & -0.707 \\ -1 & 0 & 0 \\ 0 & 0.707 & 0.707 \end{bmatrix}$$

我们也可以使用豪斯霍尔德变换以及施密特（Schmidt）正交化相结合的方法对矩阵进行 QR 分解。

例如，已知矩阵 $A = \begin{bmatrix} 0 & 1 & 1 \\ 1 & 1 & 0 \\ 1 & 0 & 1 \end{bmatrix}$，对其进行 QR 分解，过程如下：

（1）令 $\boldsymbol{\alpha}_1 = \begin{bmatrix} 0 \\ 1 \\ 1 \end{bmatrix}, \boldsymbol{\alpha}_2 = \begin{bmatrix} 1 \\ 1 \\ 0 \end{bmatrix}, \boldsymbol{\alpha}_3 = \begin{bmatrix} 1 \\ 0 \\ 1 \end{bmatrix}$，接着对三者进行正交化，即令

$$\boldsymbol{\beta}_1 = \boldsymbol{\alpha}_1 = (0,1,1)^T$$

$$\boldsymbol{\beta}_2 = \boldsymbol{\alpha}_2 - \frac{(\boldsymbol{\beta}_1, \boldsymbol{\alpha}_2)}{(\boldsymbol{\beta}_1, \boldsymbol{\beta}_1)} \boldsymbol{\beta}_1 = \boldsymbol{\alpha}_2 - \frac{1}{2}\boldsymbol{\alpha}_1 = \left(1, \frac{1}{2}, -\frac{1}{2}\right)^T$$

$$\boldsymbol{\beta}_3 = \boldsymbol{\alpha}_3 - \frac{(\boldsymbol{\beta}_1, \boldsymbol{\alpha}_3)}{(\boldsymbol{\beta}_1, \boldsymbol{\beta}_1)} \boldsymbol{\beta}_1 - \frac{(\boldsymbol{\beta}_2, \boldsymbol{\alpha}_3)}{(\boldsymbol{\beta}_2, \boldsymbol{\beta}_2)} \boldsymbol{\beta}_2 = \boldsymbol{\alpha}_3 - \frac{1}{2}\boldsymbol{\beta}_1 - \frac{1}{3}\boldsymbol{\beta}_2 = \left(\frac{2}{3}, -\frac{2}{3}, \frac{2}{3}\right)^T$$

（2）将 $\boldsymbol{\beta}_1, \boldsymbol{\beta}_2, \boldsymbol{\beta}_3$ 进行单位化，即令

$$\boldsymbol{q}_1 = \frac{1}{\sqrt{2}} \boldsymbol{\beta}_1 = \left(0, \frac{1}{\sqrt{2}}, \frac{1}{\sqrt{2}}\right)^T = \frac{1}{\sqrt{2}} \boldsymbol{\alpha}_1$$

$$\boldsymbol{q}_2 = \sqrt{\frac{2}{3}} \boldsymbol{\beta}_2 = \left(\frac{2}{\sqrt{6}}, \frac{1}{\sqrt{6}}, -\frac{1}{\sqrt{6}}\right)^T = \frac{\sqrt{2}}{\sqrt{3}} \boldsymbol{\alpha}_2 - \frac{1}{\sqrt{6}} \boldsymbol{\alpha}_1$$

$$\boldsymbol{q}_3 = \frac{3}{2\sqrt{3}} \boldsymbol{\beta}_3 = \left(\frac{1}{\sqrt{3}}, -\frac{1}{\sqrt{3}}, \frac{1}{\sqrt{3}}\right)^T = -\frac{1}{2\sqrt{3}} \boldsymbol{\alpha}_1 - \frac{1}{2\sqrt{3}} \boldsymbol{\alpha}_2 + \frac{\sqrt{3}}{2} \boldsymbol{\alpha}_3$$

（3）对 A 进行 QR 分解可得

$$Q = [q_1 \quad q_2 \quad q_3] = [\alpha_1 \quad \alpha_2 \quad \alpha_3] \begin{bmatrix} \dfrac{1}{\sqrt{2}} & -\dfrac{1}{\sqrt{6}} & -\dfrac{1}{2\sqrt{3}} \\ 0 & \dfrac{\sqrt{2}}{\sqrt{3}} & -\dfrac{1}{2\sqrt{3}} \\ 0 & 0 & \dfrac{\sqrt{3}}{2} \end{bmatrix} = AB$$

$$A = QB^{-1} = QR = \begin{bmatrix} 0 & \dfrac{2}{\sqrt{6}} & \dfrac{1}{\sqrt{3}} \\ \dfrac{1}{\sqrt{2}} & \dfrac{1}{\sqrt{6}} & -\dfrac{1}{\sqrt{3}} \\ \dfrac{1}{\sqrt{2}} & -\dfrac{1}{\sqrt{6}} & \dfrac{1}{\sqrt{3}} \end{bmatrix} \begin{bmatrix} \sqrt{2} & \dfrac{1}{\sqrt{2}} & \dfrac{1}{\sqrt{2}} \\ 0 & \dfrac{\sqrt{3}}{\sqrt{2}} & \dfrac{1}{\sqrt{6}} \\ 0 & 0 & \dfrac{2}{\sqrt{3}} \end{bmatrix}$$

第4章　函数插值基础与方法

4.1 插值问题的基本概念与拉格朗日插值

4.1.1 插值问题的基本概念

插值技术是一种关键的数值分析工具,广泛运用于理论研究和工程领域。描述自然现象的数学模型可以通过解析式、图像或数值表格三种形式展现。在许多实际应用场景中,变量间的函数关系常常像基于实验数据确定的,而这些函数关系多数以数值表格的形式出现。直接从这些离散数据点出发进行理论推导或设计工作是极其困难,甚至不可行的。因此,迫切需要通过寻找一个既简单又能精确匹配给定数据点的插值函数来解决这一问题。在另一些情况下,尽管已知函数的表达式,但由于计算过于复杂,同样需要依据若干已知数据点推导出一个既能体现原有函数特征又能使计算简便的近似函数。确定这类近似函数的过程,即为所谓的插值法。

例如,求一个简单的连续函数 $\varphi(x)$,使得 $\varphi(x_i) = y_i = f(x_i)$,$i = 0,1,2,\cdots,n$,则 $\varphi(x^*)$ 可看作 $y^* = f(x^*)$ 的近似值,其中 $x_0, x_1, x_2, \cdots, x_n$ 为插值节点,$\varphi(x)$ 为插值函数,$f(x)$ 为被插值函数。若 x^* 落在 $x_i (i=0,1,2,\cdots,n)$ 之中,则叫作内插法;若 x^* 落在 $x_i (i=0,1,2,\cdots,n)$ 之外,则叫作外插法。

插值函数可以是不同的函数,如代数多项式、三角函数和有理函数等,并且这些函数可以是连续的,也可以是分段连续的,其中代数多项式类插值函数非常重要。

根据函数 $y = f(x)$ 在区间 $[a, b]$ 上 $n+1$ 个互异节点 $x_0, x_1, \cdots, x_n$ 处的函数值 $y_0, y_1, \cdots, y_n$,可以构造出一个次数不超过 n 的多项式

$p_n(x) = a_0 + a_1x + a_2x^2 + \cdots + a_nx^n$，令 $p_n(x_i) = y_i$，则称 $p_n(x_i)$ 是函数 $f(x)$ 在节点 $x_i(i=0,1,2,\cdots,n)$ 处的 n 次插值多项式，这样的插值就叫作多项式插值。

关于多项式插值有两大定理：

其一为：已知函数 $f(x)$ 的函数表 $(x_i, f(x_i))$，$i=0,1,\cdots,n$，且 x_i 互异，那么存在唯一的多项式 $p_n(x) = \sum_{i=0}^{n} a_i x^i$，使 $p_n(x_i) = f(x_i), i = 0,1,\cdots,n$。

定理 2：若函数 $y = f(x)$ 被 n 次插值多项式 $p_n(x)$ 近似替代时的截断误差是 $R_n(x) = f(x) - p_n(x)$，则 $R_n(x)$ 称作 n 次插值多项式 $p_n(x)$ 的余项。如果函数 $y = f(x)$ 足够光滑，且函数在 $[a,b]$ 上有 $n+1$ 阶导数，$p_n(x)$ 是互异节点上的 n 次插值多项式，那么

$$R_n(x) = \frac{f^{(n+1)}(\xi)}{(n+1)!} \omega_{n+1}(x)$$

4.1.2 拉格朗日插值

1. 线性插值

若 $\varphi(x) = p_n(x) = a_0 + a_1x + a_2x^2 + \cdots + a_nx^n$ 是一个 n 次多项式，则 $p(x_i) = y_i, i = 0,1,2,\cdots,n$，所以

$$\begin{cases} a_0 + a_1x_0 + a_2x_0^2 + \cdots + a_nx_0^n = y_0 \\ a_0 + a_1x_1 + a_2x_1^2 + \cdots + a_nx_1^n = y_1 \\ \vdots \\ a_0 + a_1x_n + a_2x_n^2 + \cdots + a_nx_n^n = y_n \end{cases}$$

对应的系数矩阵为

$$A = \begin{bmatrix} 1 & x_0 & x_0^2 & \cdots & x_0^n \\ 1 & x_1 & x_1^2 & \cdots & x_1^n \\ \vdots & \vdots & \vdots & & \vdots \\ 1 & x_n & x_n^2 & \cdots & x_n^n \end{bmatrix}_{(n+1)\times(n+1)}$$

在求解此方程组时，可以先求解 n 为 1 时这种特殊方程组，这叫作线性插值。

现在需要求出一个一次插值多项式 $L_1(x)$，此多项式需要满足 $L_1(x_0) = f(x_0) = y_0, L_1(x_1) = f(x_1) = y_1$，所以 $y = L_1(x)$ 的图像是一条直线，对应的表达式为

$$L_1(x) = \frac{x - x_1}{x_0 - x_1} y_0 + \frac{x - x_0}{x_1 - x_0} y_1$$

该函数是由

$$l_0(x) = \frac{x - x_1}{x_0 - x_1},\ l_1(x) = \frac{x - x_0}{x_1 - x_0}$$

两个线性函数组成的线性组合，系数分别是 y_0 和 y_1，对应关系为

$$L_1(x) = l_0(x) y_0 + l_1(x) y_1$$

所以

$$l_i(x_j) = \begin{cases} 1, i = j \\ 0, i \neq j \end{cases}$$

式中：$l_0(x)$ 和 $l_1(x)$ 是一次插值函数；$L_1(x) = l_0(x)y_0 + l_1(x)y_1$ 是满足插值条件的一次拉格朗日插值多项式。

2. **二次插值**

当 n 的值等于 2 时，对应的插值就是二次插值，也称为抛物线插值。现有三个互异插值节点 x_0, x_1 和 x_2，在这三个节点处对应的函数值分别为 y_0, y_1 和 y_2，需要求出满足条件 $L_2(x_j) = y_j, j = 0,1,2$ 的 $L_2(x)$，使用插值基函

数的方法可得 $L_2(x) = l_0(x)y_0 + l_1(x)y_1 + l_2(x)y_2$，其中插值基函数满足条件：

$$l_i(x_j) = \begin{cases} 1, i = j \\ 0, i \neq j \end{cases}$$

接着可以设 $l_1(x) = A(x - x_0)(x - x_2)$，从而可得

$$l_1(x) = \frac{(x - x_0)(x - x_2)}{(x_1 - x_0)(x_1 - x_2)}$$

同理可得

$$l_0(x) = \frac{(x - x_1)(x - x_2)}{(x_0 - x_1)(x_0 - x_2)}, l_2(x) = \frac{(x - x_0)(x - x_1)}{(x_2 - x_0)(x_2 - x_1)}$$

所以二次插值多项式是

$$L_2(x) = l_0(x)y_0 + l_1(x)y_1 + l_2(x)y_2 = \sum_{i=0}^{2} l_i(x)y_i$$

当 n 的值为 2 时，抛物线插值的余项公式是

$$R_2(x) = f(x) - L_2(x) = \frac{f^{(3)}(\xi)}{3!}(x - x_0)(x - x_1)(x - x_2)$$

3. 拉格朗日插值多项式

如果 n 次多项式 $l_i(x)$ 在 $n+1$ 个节点 $x_0 < x_1 < \cdots < x_n$ 处满足条件

$$l_i(x_j) = \begin{cases} 1, i = j \\ 0, i \neq j \end{cases}$$

那么这些 n 次多项式 $l_0(x), l_1(x), \cdots, l_n(x)$ 是节点 $x_0 < x_1 < \cdots < x_n$ 对应的 n 次插值基函数。

因为 $l_i(x) \in P_n, i = 0, 1, 2, \cdots, n$，根据上面的结论可以设

$$l_i(x) = B(x - x_0) \cdots (x - x_{i-1})(x - x_{i+1}) \cdots (x - x_n)$$

根据 $l_i(x_i) = 1$ 可以得出

$$B = 1 / \left[(x_i - x_0) \cdots (x_i - x_{i-1})(x_i - x_{i+1}) \cdots (x_i - x_n) \right]$$

进一步可得

$$l_i(x) = \frac{(x-x_0)\cdots(x-x_{i-1})(x-x_{i+1})\cdots(x-x_n)}{(x_i-x_0)\cdots(x_i-x_{i-1})(x_i-x_{i+1})\cdots(x_i-x_n)}$$

如果

$$\omega_{n+1}(x) = (x-x_0)(x-x_1)\cdots(x-x_n)$$

那么易得

$$\omega'_{n+1}(x_i) = (x_i-x_0)(x_i-x_1)\cdots(x_i-x_{i-1})(x_i-x_{i+1})\cdots(x_i-x_n)$$

所以

$$l_i(x) = \frac{\omega_{n+1}(x)}{(x-x_i)\omega'_{n+1}(x_i)}$$

最终可得如下 n 次拉格朗日插值多项式：

$$L_n(x) = \sum_{i=0}^{n} l_i(x) y_i = \sum_{i=0}^{n} \frac{\omega_{n+1}(x)}{(x-x_i)\omega'_{n+1}(x_i)} y_i$$

例如，已知 $f(-1)=2, f(1)=1, f(2)=1$，求 $f(x)$ 的拉格朗日插值多项式。

解：根据 $x_0=-1, x_1=1, x_2=2$ 和 $y_0=2, y_1=1, y_2=1$，可以得到如下三个插值基函数：

$$l_0(x) = \frac{1}{6}(x^2-3x+2), l_1(x) = -\frac{1}{2}(x^2-x-2), l_2(x) = \frac{1}{3}(x^2-1)$$

所以易得 $f(x)$ 的拉格朗日插值多项式为

$$L_2(x) = l_0 y_0 + l_1 y_1 + l_2 y_2 = \frac{1}{6}(x^2-3x+8)$$

4.2 牛顿插值

4.2.1 差商

若已知某函数的自变量是 $x_0, x_1, \cdots, x_n$，对应的函数值是 $f(x_i), i = 0, 1, \cdots, n$，则一阶差商为

$$f[x_i, x_j] = \frac{f(x_j) - f(x_i)}{x_j - x_i}, i \neq j$$

二阶差商为

$$f[x_i, x_j, x_k] = \frac{f[x_j, x_k] - f[x_i, x_j]}{x_k - x_i}$$

n 阶差商为

$$f[x_0, x_1, \cdots, x_n] = \frac{f[x_1, x_2, \cdots, x_n] - f[x_0, x_1, \cdots, x_{n-1}]}{x_n - x_0}$$

差商有如下三个主要性质：

（1）线性性质：

$$F(x) = cf(x) \Rightarrow F[a,b] = cf[a,b]$$

$$F(x) = f(x) + g(x) \Rightarrow F[a,b] = f[a,b] + g[a,b]$$

（2）对称性：

$$f[x_0, x_1, \cdots, x_n] = f[x_1, x_0, x_2, \cdots, x_n] = \cdots = f[x_1, x_2, \cdots, x_n, x_0]$$

（3）如果 $f(x)$ 在 $[a,b]$ 上有 n 阶导数，并且节点都在该范围内，那么 n 阶差商和导数之间存在下面关系：如果 $f^{(n)}(x)$ 在 $[a,b]$ 上是连续的，那么

$$f[x_0,x_1,\cdots,x_n]=\frac{f^{(n)}(\xi)}{n!}$$

4.2.2 牛顿插值多项式

例如，已知 $f(1)=1, f(2)=3, f(4)=13$，$f(5)=15$，求差商 $f[2,4,5]$ 和 $f[1,2,4,5]$，求解过程如下：

解：易得 n 的值为 3，所以可以将差商计算到三阶，对应的差商表如表 4-1 所示。

表 4-1 差商表

x_k	$f(x_k)$	一阶差商	二阶差商	三阶差商
x_0	$f(x_0)$	—	—	—
x_1	$f(x_1)$	$f[x_0,x_1]$	—	—
x_2	$f(x_2)$	$f[x_1,x_2]$	$f[x_0,x_1,x_2]$	—
x_3	$f(x_3)$	$f[x_2,x_3]$	$f[x_1,x_2,x_3]$	$f[x_0,x_1,x_2,x_3]$

所以一阶差商为

$$f[1,2]=\frac{3-1}{2-1}=2, f[2,4]=\frac{13-3}{4-2}=5, f[4,5]=\frac{15-13}{5-4}=2$$

二阶差商为

$$f[1,2,4]=\frac{5-2}{4-1}=1, f[2,4,5]=\frac{2-5}{5-2}=-1$$

三阶差商为

$$f[1,2,4,5]=\frac{-1-1}{5-1}=-0.5$$

则构造差商具体数值表如表 4-2 所示。

表 4-2 差商具体数值表

x_i	$f(x_i)$	一阶差商	二阶差商	三阶差商
1	1	—	—	—
2	3	2	—	—
4	13	5	1	—
5	15	2	−1	−0.5

结合差商的定义，可得

$$a_0 = y_0 = f(x_0)$$

$$a_1 = \frac{y_1 - y_0}{x_1 - x_0} = f[x_0, x_1]$$

$$a_2 = \frac{\frac{y_2 - y_1}{x_2 - x_1} - \frac{y_1 - y_0}{x_1 - x_0}}{x_2 - x_0} = \frac{f[x_1, x_2] - f[x_0, x_1]}{x_2 - x_0} = f[x_0, x_1, x_2]$$

按照此运算顺序可得 $a_k = f[x_0, x_1, \cdots, x_k], k = 1, 2, \cdots, n$，将系数代入公式
$p_n(x) = a_0 + a_1(x - x_0) + a_2(x - x_0)(x - x_1) + \cdots + a_n(x - x_0)(x - x_1)\cdots(x - x_{n-1})$
可以得到如下牛顿插值多项式：

$$N_n(x) = f(x_0) + f[x_0, x_1](x - x_0) + f[x_0, x_1, x_2](x - x_0)(x - x_1) + \cdots +$$
$$f[x_0, x_1, \cdots, x_n](x - x_0)(x - x_1)\cdots(x - x_{n-1})$$

例如，已知 $f(1) = 8, f(2) = 1$，$f(4) = 5$，求牛顿插值多项式。

解：根据 $f(1) = 8, f(2) = 1$，$f(4) = 5$，可得

$$a_0 = 8, a_1 = \frac{1 - 8}{2 - 1} = -7, a_2 = \frac{\frac{5 - 1}{4 - 2} - \frac{1 - 8}{2 - 1}}{4 - 1} = 3$$

所以牛顿插值多项式为

$$N_2(x) = 8 - 7(x - 1) + 3(x - 1)(x - 2) = 3x^2 - 16x + 21$$

例如，已知 $f(2)=5, f(3)=2, f(5)=3, f(6)=4$，那么对应的牛顿插值多项式应为

$$N_3(x) = 5 - 3(x-2) + \frac{7}{6}(x-2)(x-3) - \frac{1}{4}(x-2)(x-3)(x-5)$$
$$= -\frac{1}{4}x^3 + \frac{11}{3}x^2 - \frac{199}{12}x + \frac{51}{2}$$

例如，已知 $f(0)=2, f(1)=-1, f(2)=4, f(3)=3$，求牛顿插值多项式。

解： 计算后得到的差商值表如表 4-3 所示。

表 4-3 差商值表

x_i	$f(x_i)$	一阶差商	二阶差商	三阶差商
0	2	—	—	—
1	−1	−3	—	—
2	4	5	4	—
3	3	−1	−3	−7/3

那么对应的牛顿插值多项式为

$$N_3(x) = 2 + (-3)(x-0) + 4(x-0)(x-1) + \left(-\frac{7}{3}\right)(x-0)(x-1)(x-2)$$
$$= -\frac{7}{3}x^3 + 11x^2 - \frac{35}{3}x + 2$$

4.3 埃尔米特插值

4.3.1 重节点差商

已知 $y = f(x)$ 的函数表和其各阶导数如表 4-4 所示。

表4-4 $y=f(x)$ 的函数表和其各阶导数

x	x_0	x_1	$\cdots$	x_n
$f(x)$	f_0	f_1	$\cdots$	f_n
$f^1(x)$	$f_0^{(1)}$	$f_1^{(1)}$	$\cdots$	$f_n^{(1)}$
$\vdots$	$\vdots$	$\vdots$		$\vdots$
$f^{(m_i-1)}(x)$	$f_0^{(m_0-1)}$	$f_1^{(m_1-1)}$	$\cdots$	$f_n^{(m_n-1)}$

已知 $x_i(i=0,1,\cdots,n)$ 互不相同，m_i 均为正整数，且满足 $\sum_{i=0}^{n}m_i \equiv m+1$，$p^{(k)}(x_i)=f^{(k)}(x_i), i=0,1,\cdots,n$；$k=0,1,\cdots,m_i-1$，那么满足上述条件的插值多项式 $p^{(x)}$ 是存在并且唯一的。

如果区间 $[a,b]$ 上的节点均互异，那么可由差商的定义得知，若 $f(x)$ 在 $[a,b]$ 上一阶可导，则

$$\lim_{x\to x_0}f[x_0,x]=\lim_{x\to x_0}\frac{f(x)-f(x_0)}{x-x_0}=f'(x_0)$$

重节点差商为

$$f[x_0,x_0]=\lim_{x\to x_0}f[x_0,x]=f'(x_0)$$

因为

$$f[x_0,x_1,\cdots,x_n]=\frac{f^{(n)}(\xi)}{n!}, \min(x_0,x_1,\cdots,x_n)\leqslant\xi\leqslant\max(x_0,x_1,\cdots,x_n)$$

所以当 $x_i\to x_0(i=1,2,\cdots,n)$ 时，就有 $\xi\to x_0$，进而可得

$$f[x_0,x_0,\cdots,x_0]=\frac{f^{(n)}(x_0)}{n!}$$

重节点差商的性质：若 $f(x)$ 在 $[a,b]$ 上几阶可导，且 $[a,b]$ 上的节点大小关系为 $x_0\leqslant x_1\leqslant\cdots\leqslant x_n$，则

$$f[x_0,x_1,\cdots,x_n] = \begin{cases} \dfrac{f[x_1,x_2,\cdots,x_n]-f[x_0,x_1,\cdots,x_{n-1}]}{x_n-x_0}, & x_n \neq x_0 \\ \dfrac{1}{n!}\cdot f^{(n)}(x_0), & x_n = x_0 \end{cases}$$

重节点差商的定理：设 $f(x)$ 在 $[a,b]$ 上 $n+2$ 阶可导，如果 $x_0,x_1,\cdots,x_n,x \in [a,b]$，那么

$$\frac{\mathrm{d}}{\mathrm{d}x}f[x_0,x_1,\cdots,x_n,x] = f[x_0,x_1,\cdots,x_n,x,x]$$

该定理的证明过程如下：

（1）先证明：当 $f(x)$ 在 $[a,b]$ 上 $n+2$ 阶可导时，

$$\begin{aligned}\frac{\mathrm{d}}{\mathrm{d}x}f[x_0,x] &= \lim_{h\to 0}\frac{f[x_0,x+h]-f[x_0,x]}{h} \\ &= \lim_{h\to 0}\frac{f[x_0,x+h]-f[x,x_0]}{x+h-x} \\ &= \lim_{h\to 0}[x,x_0,x+h] \\ &= f[x,x_0,x] \\ &= f[x_0,x,x]\end{aligned}$$

（2）接着仿照（1）的过程进行延伸，可得

$$\begin{aligned}&\frac{\mathrm{d}}{\mathrm{d}x}f[x_0,x_1,\cdots,x_n,x] \\ &= \lim_{h\to 0}\frac{f[x_0,x_1,\cdots,x_n,x+h]-f[x_0,x_1,\cdots,x_n,x]}{h} \\ &= \lim_{h\to 0}\frac{f[x_0,x_1,\cdots,x_n,x+h]-f[x,x_0,x_1,\cdots,x_n]}{x+h-x} \\ &= \lim_{h\to 0}f[x,x_0,x_1,\cdots,x_n,x+h] \\ &= f[x,x_0,x_1,\cdots,x_n,x] \\ &= f[x_0,x_1,\cdots,x_n,x,x]\end{aligned}$$

4.3.2 三次埃尔米特插值

设 $a \leqslant x_0 < x_1 \leqslant b$，$f(x)$ 在 $[a,b]$ 上一阶可导，

$$f(x_0) = y_0, f(x_1) = y_1, f'(x_0) = m_0, f'(x_1) = m_1$$

求满足条件 $p_3(x_i) = y_i, p_3'(x_i) = m_i, i = 0,1$ 且不超过三次的多项式的过程如下：

（1）将该多项式表示为

$$p_3(x) = f(x_0)h_0(x) + f(x_1)h_1(x) + f'(x_0)H_0(x) + f'(x_1)H_1(x)$$

式中：$h_0(x), h_1(x), H_0(x), H_1(x)$ 均为三次多项式，称作插值基函数。这些插值基函数满足如下条件：

$$\begin{cases} h_0(x_0) = 1, h_1(x_0) = 0, H_0(x_0) = 0, H_1(x_0) = 0 \\ h_0'(x_0) = 0, h_1'(x_0) = 0, H_0'(x_0) = 1, H_1'(x_0) = 0 \\ h_0(x_1) = 0, h_1(x_1) = 1, H_0(x_1) = 0, H_1(x_1) = 0 \\ h_0'(x_1) = 0, h_1'(x_1) = 0, H_0'(x_1) = 0, H_1'(x_1) = 1 \end{cases}$$

（2）将 $h_0(x)$ 设为 $h_0(x) = (ax+b)(x-x_1)^2$，可得

$$\begin{cases} (ax_0+b)(x_0-x_1)^2 = 1 \\ a(x_0-x_1)^2 + 2(ax_0+b)(x_0-x_1) = 0 \end{cases}$$

解得

$$\begin{cases} a = \dfrac{-2}{(x_0-x_1)^3} \\ b = \dfrac{1}{(x_0-x_1)^2} + \dfrac{2x_0}{(x_0-x_1)^3} \end{cases}$$

将 a,b 的值代入 $h_0(x)$ 中可得

$$h_0(x) = \left(1 + 2\frac{x-x_0}{x_1-x_0}\right)\left(\frac{x-x_1}{x_0-x_1}\right)^2$$

进一步可设 $H_0(x)$ 的表达式为

$$H_0(x) = A(x-x_0)(x-x_1)^2$$

根据条件 $H_0'(x_0)=1$ 可得 $A = \dfrac{1}{(x_0-x_1)^2}$ ，所以

$$H_0(x) = (x-x_0)\dfrac{(x-x_1)^2}{(x_0-x_1)^2}$$

（3）根据以上步骤可求得函数 $h_1(x)$ 和 $H_1(x)$ 的表达式为

$$h_1(x) = \left(1 + 2\dfrac{x-x_1}{x_0-x_1}\right)\left(\dfrac{x-x_0}{x_1-x_0}\right)^2$$

$$H_1(x) = (x-x_1)\dfrac{(x-x_0)^2}{(x_1-x_0)^2}$$

所以满足条件的多项式为

$$p_3(x) = f(x_0)\left(1+2\dfrac{x-x_0}{x_1-x_0}\right)\left(\dfrac{x-x_1}{x_0-x_1}\right)^2 + f(x_1)\left(1+2\dfrac{x-x_1}{x_0-x_1}\right)\left(\dfrac{x-x_0}{x_1-x_0}\right)^2 +$$

$$f'(x_0)\dfrac{(x-x_0)(x-x_1)^2}{(x_0-x_1)^2} + f'(x_1)\dfrac{(x-x_1)(x-x_0)^2}{(x_1-x_0)^2}$$

4.3.3 埃尔米特插值的牛顿形式

已知互异节点 $z_0, z_1, \cdots, z_{2n+1} \in [a,b]$ ，对应的牛顿插值多项式为

$$N_{2n+1}(x) = f(z_0) + f[z_0,z_1](x-z_0) + f[z_0,z_1,z_2](x-z_0)(x-z_1) + \cdots +$$

$$f[z_0,z_1,\cdots,z_{2n+1}](x-z_0)(x-z_1)\cdots(x-z_{2n})$$

令 $z_{2i}, z_{2i+1} \to x_i, i = 0,1,\cdots,n$ ，那么

$$N_{2n+1}(x) = f(x_0) + f[x_0,x_0](x-x_0) + f[x_0,x_0,x_1](x-x_0)^2 +$$

$$f[x_0,x_0,x_1,x_1](x-x_0)^2(x-x_1)+\cdots$$

例如，已知函数表达式为 $f(x)=x^{\frac{3}{2}}$，在区间 $\left[\frac{1}{4},\frac{9}{4}\right]$ 上选取三个点 $x_0=\frac{1}{4}, x_1=1, x_2=\frac{9}{4}$，求函数在该区间上满足条件 $p(x_i)=f(x_i)$，$i=0,1,2$，$p'(x_1)=f'(x_1)$ 的埃尔米特插值多项式。

解：根据 $f_0=f\left(\frac{1}{4}\right)=\frac{1}{8}, f_1=f(1)=1, f_2=f\left(\frac{9}{4}\right)=\frac{27}{8}, f'(x)=\frac{3}{2}x^{\frac{1}{2}}, f'(x_1)=f'(1)=\frac{3}{2}$ 可以建立差商表，如表4-5所示。

表4-5 差商表

x_i	$f(x_i)$	一阶差商	二阶差商
$\frac{1}{4}$	$\frac{1}{8}$	—	—
1	1	$\frac{7}{6}$	—
$\frac{9}{4}$	$\frac{27}{8}$	$\frac{19}{10}$	$\frac{11}{30}$

所以可以令

$$p(x)=\frac{1}{8}+\frac{7}{6}\left(x-\frac{1}{4}\right)+\frac{11}{30}\left(x-\frac{1}{4}\right)(x-1)+A\left(x-\frac{1}{4}\right)(x-1)\left(x-\frac{9}{4}\right)$$

接着根据条件 $p'(1)=f'(1)=\frac{3}{2}$，求出 $A=-\frac{14}{225}$，所以

$$p(x)=-\frac{14}{225}x^3+\frac{263}{450}x^2+\frac{233}{450}x-\frac{1}{25}$$

4.3.4 两个典型的埃尔米特插值

(1) 根据 $p(x_0)=f(x_0), p(x_1)=f(x_1), p^{'}(x_0)=f^{'}(x_0), p^{'}(x_1)=f^{'}(x_1)$ 构造出差商表，如表 4-6 所示。

表 4-6 差商表

x_i	$f(x_i)$	一阶差商	二阶差商	三阶差商
x_0	$f(x_0)$	—	—	—
x_0	$f(x_0)$	$f^{'}(x_0)$	—	—
x_1	$f(x_1)$	$f[x_0,x_1]$	$\dfrac{f[x_0,x_1]-f^{'}(x_0)}{x_1-x_0}$	—
x_1	$f(x_1)$	$f^{'}(x_1)$	$\dfrac{f^{'}(x_1)-f[x_0,x_1]}{x_1-x_0}$	$\dfrac{f^{'}(x_1)-2f[x_0,x_1]+f^{'}(x_0)}{(x_1-x_0)^2}$

所以

$$p(x)=f(x_0)+f^{'}(x_0)(x-x_0)+\frac{f[x_0,x_1]-f^{'}(x_0)}{x_1-x_0}(x-x_0)^2+$$

$$\frac{f^{'}(x_1)-2f[x_0,x_1]+f^{'}(x_0)}{(x_1-x_0)^2}(x-x_0)^2(x-x_1)$$

(2) 根据 $p(x_0)=f(x_0), p(x_1)=f(x_1), p^{'}(x_0)=f^{'}(x_0), p^{''}(x_0)=f^{''}(x_0)$ 构造出差商表，如表 4-7 所示。

表 4-7 差商表

x_i	$f(x_i)$	一阶差商	二阶差商	三阶差商
x_0	$f(x_0)$	—	—	—
x_0	$f(x_0)$	$f^{'}(x_0)$	—	—

续 表

x_i	$f(x_i)$	一阶差商	二阶差商	三阶差商
x_0	$f(x_0)$	$f'(x_0)$	$\dfrac{f''(x_0)}{2!}$	—
x_1	$f(x_1)$	$f[x_0,x_1]$	$\dfrac{f[x_0,x_1]-f'(x_0)}{x_1-x_0}$	$\dfrac{\dfrac{f[x_0,x_1]-f'(x_0)}{x_1-x_0}-\dfrac{f''(x_0)}{2!}}{x_1-x_0}$

所以

$$p(x) = f(x_0) + f'(x_0)(x-x_0) + \frac{f''(x_0)}{2!}(x-x_0)^2 +$$

$$\frac{\dfrac{f[x_0,x_1]-f'(x_0)}{x_1-x_0}-\dfrac{f''(x_0)}{2!}}{x_1-x_0}(x-x_0)^3$$

4.4 分段插值与三次样条插值

4.4.1 分段插值

在区间 $[a,b]$ 中,设 $a=x_0<x_1<\cdots<x_{n-1}<x_n=b$,若在所有的区间 $[x_i,x_{i+1}]$ 上构造插值多项式,把这些插值多项式进行拼接可以得到整个区间上的插值函数,这样的函数叫作分段插值多项式。

区间 $[a,b]$ 上的分段函数为

$$f(x) \approx I_h(x) = \begin{cases} p_0(x), x \in [x_0,x_1] \\ p_1(x), x \in [x_1,x_2] \\ \vdots \\ p_{n-1}(x), x \in [x_{n-1},x_n] \end{cases}$$

进行分段线性插值后可得

$$f(x) \approx p_i(x) = \frac{x - x_{i+1}}{x_i - x_{i+1}} y_i + \frac{x - x_i}{x_{i+1} - x_i} y_{i+1}$$

$$p_i(x) = l_i(x) y_i + l_{i+1}(x) y_{i+1}$$

因为 x 在区间 $[a,b]$ 上，那么 $I_h(x) = \sum_{j=0}^{n} f(x_j) l_j(x)$，其中 $l_j(x)$ 满足

$$l_j(x_i) = \delta_{ji} = \begin{cases} 1, i = j \\ 0, i \neq j \end{cases}$$

其具体表达式如下：

$$l_0(x) = \begin{cases} \dfrac{x - x_1}{x_0 - x_1}, & x_0 \leqslant x \leqslant x_1 \\ 0, & x_1 \leqslant x \leqslant x_2 \end{cases}$$

$$l_1(x) = \begin{cases} \dfrac{x - x_0}{x_1 - x_0}, & x_0 \leqslant x \leqslant x_1 \\ \dfrac{x - x_2}{x_1 - x_2}, & x_1 \leqslant x \leqslant x_2 \end{cases}$$

$$l_j(x) = \begin{cases} \dfrac{x - x_{j-1}}{x_j - x_{j-1}}, & x_{j-1} \leqslant x \leqslant x_j \\ \dfrac{x - x_{j+1}}{x_j - x_{j+1}}, & x_j \leqslant x \leqslant x_{j+1} \\ 0, & x \in \{[a,b] - [x_{j-1}, x_{j+1}]\} \end{cases}$$

$$l_n(x) = \begin{cases} \dfrac{x - x_{n-1}}{x_n - x_{n-1}}, & x_{n-1} \leqslant x \leqslant x_n \\ 0, & x_0 \leqslant x \leqslant x_{n-1} \end{cases}$$

4.4.2 三次样条插值

设区间 $[a,b]$ 上有 $n+1$ 个点，并且 $a=x_0<x_1<x_2<\cdots<x_n=b$，已知对应函数值 $y_i=f(x_i)(i=0,1,\cdots,n)$，若存在函数

$$S(x)=\begin{cases} S_1(x), & x\in[x_0,x_1) \\ S_2(x), & x\in[x_1,x_2) \\ \vdots \\ S_n(x), & x\in[x_{n-1},x_n] \end{cases}$$

使得在 $[a,b]$ 中的每一个小区间内，$S(x)$ 是不超过三次的多项式，$S(x_i)=y_i(i=0,1,\cdots,n)$，且 $S(x),S'(x),S''(x)$ 在 $[a,b]$ 上是连续的，则 $S(x)$ 是函数 $f(x)$ 在插值区间上的三次样条插值。

三次样条插值需要有正确的边界条件，因为 $S(x)$ 在小区间上是三次多项式，所以可设其表达式为

$$S_i(x)=a_i+b_ix+c_ix^2+d_ix^3, i=1,2,\cdots,n$$

$S(x)$ 有 $4n$ 个待定系数，且这些待定系数需要满足如下 $4n-2$ 个条件：

$$\begin{cases} S(x_i)=y_i, & i=0,1,\cdots,n \\ S(x_i-0)=S(x_i+0), & i=1,\cdots,n-1 \\ S'(x_i-0)=S'(x_i+0), & i=1,\cdots,n-1 \\ S''(x_i-0)=S''(x_i+0), & i=1,\cdots,n-1 \end{cases}$$

样条插值问题想要确保解的唯一性，需要添加两个额外条件，并且这两个额外条件需要在 $[a,b]$ 的端点处给出，这两个条件称作边界条件。边界条件的常见情况有以下三种：

（1）$S'(x_0)=f_0',S'(x_n)=f_n'$；

（2）$S''(x_0)=f_0'',S''(x_n)=f_n''$（特殊情况：$S''(x_0)=S''(x_n)=0$ 被称为自然边界条件）；

（3）若 $y=f(x)$ 的周期为 x_n-x_0，则可令

$$S'(x_0+0)=S'(x_n-0), S''(x_0+0)=S''(x_n-0)$$

由周期性可知 $S(x_0+0)=S(x_n-0)$，这样的样条函数 $S(x)$ 被称作周期样条函数。

若函数 $S(x)$ 是在区间 $[x_i, x_{i+1}]$ 上不超过三次的多项式，则其二阶导函数是线性函数，可令

$$m_i = S''(x_i), i=0,1,\cdots,n$$

根据拉格朗日公式可得

$$S''(x) = m_i \frac{x_{i+1}-x}{h_i} + m_{i+1}\frac{x-x_i}{h_i} (h_i = x_{i+1}-x_i, i=0,1,\cdots,n-1)$$

对二次导函数进行两次积分，确定两个积分函数后可得如下三次样条插值函数的表达式：

$$S(x) = m_i \frac{(x_{i+1}-x)^3}{6h_i} + m_{i+1}\frac{(x-x_i)^3}{6h_i} + \left(y_i - \frac{m_i h_i^2}{6}\right)\frac{x_{i+1}-x}{h_i} + \left(y_{i+1} - \frac{m_{i+1}h_i^2}{6}\right)\frac{x-x_i}{h_i}, i=0,1,\cdots,n-1$$

求解 $m_i (i=0,1,\cdots,n)$ 的过程如下：

对 $S(x)$ 求导可得

$$S'(x) = -m_i \frac{(x_{i+1}-x)^2}{2h_i} + m_{i+1}\frac{(x-x_i)^2}{2h_i} + \frac{y_{i+1}-y_i}{h_i} - \frac{m_{i+1}-m_i}{6}h_i$$

进一步可得

$$S'(x_i+0) = -\frac{h_i}{3}m_i - \frac{h_i}{6}m_{i+1} + \frac{y_{i+1}-y_i}{h_i}$$

则在 $[x_{i-1}, x_i]$ 上的表达式为

$$S'(x_i-0) = \frac{h_{i-1}}{6}m_{i-1} + \frac{h_{i-1}}{3}m_i + \frac{y_i-y_{i-1}}{h_{i-1}}$$

根据 $S'(x_i+0)=S'(x_i-0)$ 可得

$$\mu_i m_{i-1}+2m_i+\lambda_i m_{i+1}=d_i, i=1,2,\cdots,n-1$$

其中

$$\mu_i=\frac{h_{i-1}}{h_{i-1}+h_i},\lambda_i=\frac{h_i}{h_{i-1}+h_i},i=1,2,\cdots,n$$

$$d_i=6\frac{f[x_i,x_{i+1}]-f[x_{i-1},x_i]}{h_{i-1}+h_i}=6f[x_{i-1},x_i,x_{i+1}]$$

根据边界条件可得

$$2m_0+m_1=\frac{6}{h_0}\left(f[x_0,x_1]-f_0'\right)$$

$$m_{n-1}+2m_n=\frac{6}{h_{n-1}}\left(f_n'-f[x_{n-1},x_n]\right)$$

令

$$\lambda_0=1,d_0=\frac{6}{h_0}\left(f[x_0,x_1]-f_0'\right)$$

$$\mu_n=1,d_n=\frac{6}{h_{n-1}}\left(f_n'-f[x_{n-1},x_n]\right)$$

则以上过程可写为如下矩阵形式：

$$\begin{bmatrix} 2 & \lambda_0 & & & & \\ \mu_1 & 2 & \lambda_1 & & & \\ & \mu_2 & \ddots & \ddots & & \\ & & \ddots & 2 & \lambda_{n-1} \\ & & & \mu_n & 2 \end{bmatrix}\begin{bmatrix} m_0 \\ m_1 \\ \vdots \\ m_{n-1} \\ m_n \end{bmatrix}=\begin{bmatrix} d_0 \\ d_1 \\ \vdots \\ d_{n-1} \\ d_n \end{bmatrix}$$

根据边界条件可知 $m_0=f_0'',m_n=f_n''$。

计算三次样条插值函数的步骤如下：

（1）计算 $h_k=x_{k+1}-x_k(k=0,1,\cdots,n-1)$ 和 $\mu_k,\lambda_k(k=1,2,\cdots,n-1)$；

（2）根据边界条件确定有关 $m_0, m_1, \cdots, m_n$ 的方程组并求解；

（3）代入 $m_i(i=0,1,\cdots,n)$ 求出 $S(x)$ 的表达式。

例如，已知函数 $f(x)$ 中 $f(0)=0, f(1)=-2, f(4)=-8, f(5)=-4$，求满足边界条件 $S'(0)=\dfrac{5}{2}, S'(5)=\dfrac{19}{4}$ 的三次样条插值函数 $S(x)$。

解（1）根据边界条件可得

$$h_0 = 1-0 = 1, h_1 = 4-1 = 3, h_2 = 5-4 = 1$$

$$\mu_1 = \frac{h_0}{h_0+h_1} = \frac{1}{4}, \mu_2 = \frac{h_1}{h_1+h_2} = \frac{3}{4}, \mu_3 = 1$$

$$\lambda_0 = 1, \lambda_1 = 1-\mu_1 = \frac{3}{4}, \lambda_2 = 1-\mu_2 = \frac{1}{4}$$

$$d_0 = \frac{6}{h_0}\left(f[x_0, x_1] - f_0'\right) = -27, d_1 = 6f[x_0, x_1, x_2] = 0$$

$$d_2 = 6f[x_1, x_2, x_3] = 9, d_3 = \frac{6}{h_2}\left(f_3' - f[x_2, x_3]\right) = \frac{9}{2}$$

（2）将数据代入矩阵方程可得

$$\begin{bmatrix} 2 & 1 & 0 & 0 \\ 1/4 & 2 & 3/4 & 0 \\ 0 & 3/4 & 2 & 1/4 \\ 0 & 0 & 1 & 2 \end{bmatrix} \begin{bmatrix} m_0 \\ m_1 \\ m_2 \\ m_3 \end{bmatrix} = \begin{bmatrix} -27 \\ 0 \\ 9 \\ 9/2 \end{bmatrix}$$

所以 $m_0 = -\dfrac{27}{2}, m_1 = 0, m_2 = \dfrac{9}{2}, m_3 = 0$；

（3）求出如下 $S(x)$ 在各个区间上的表达式

$$S(x) = \begin{cases} \dfrac{9}{4}x^3 - \dfrac{27}{4}x^2 + \dfrac{5}{2}x, & x \in (0,1) \\[6pt] \dfrac{1}{4}x^3 - \dfrac{3}{4}x^2 - \dfrac{7}{2}x + 2, & x \in (1,4) \\[6pt] -\dfrac{3}{4}x^3 + \dfrac{45}{4}x^2 - \dfrac{103}{2}x + 66, & x \in (4,5) \end{cases}$$

第5章 数值积分与数值微分的基础

5.1 数值积分公式及其代数精度

5.1.1 数值积分公式

在实际问题中，人们经常会遇到积分问题，根据牛顿－莱布尼茨（Leibniz）公式可知，如果原函数和被积函数两者都可表示成有解析的表达式，并且这些表达式还是初等函数，那么积分是比较容易求得的。有时需要考虑数值积分，比如，遇到以下三种情况时：

（1）已知被积函数，但是对应的原函数很难找到；
（2）被积函数的原函数非常复杂；
（3）被积函数只有数表没有解析式。

如果函数 $f(x)$ 在区间 $[a,b]$ 上是连续的，那么在该区间中至少存在一点 ξ，使得 $\int_a^b f(x)\mathrm{d}x = (b-a)f(\xi), a \leqslant \xi \leqslant b$，此为积分中值定理。该定理中的 ξ 不易求得，一般取近似值，有以下四种常用的取近似值公式：

（1）$\int_a^b f(x)\mathrm{d}x \approx (b-a)f(a)$；

（2）$\int_a^b f(x)\mathrm{d}x \approx (b-a)f(b)$；

（3）$\int_a^b f(x)\mathrm{d}x \approx (b-a)f\left(\dfrac{a+b}{2}\right)$；

（4）$\int_a^b f(x)\mathrm{d}x \approx \dfrac{b-a}{2}[f(a)+f(b)]$。

在区间 $[a,b]$ 中取节点 $a = x_0 < x_1 < \cdots < x_n = b$，将 $f(x_k)(k=0,1,\cdots,n)$ 的加权平均当作 $f(\xi)$ 的近似值，则可得到如下公式：

$$I = \int_a^b f(x)\mathrm{d}x \approx \sum_{k=0}^n A_k f(x_k), k = 0, 1, \cdots, n$$

该公式为数值机械求积公式，$x_k(k=0,1,\cdots,n)$ 为求积节点，A_k 是求积系数。

5.1.2 代数精度

若数值求积公式对 m 次及以下的代数多项式均准确成立，但是对 $m+1$ 次代数多项式不成立，则称该数值求积公式具有 m 阶代数精度。因为对于任意的 m 次多项式 $p(x) = a_0 + a_1 x + a_2 x^2 + \cdots + a_m x^m$ 都有

$$\int_a^b p(x)\mathrm{d}x - \sum_{k=0}^n A_k p(x_k) = \sum_{j=0}^m a_j \left[\int_a^b x^j \mathrm{d}x - \sum_{k=0}^n A_k x_k^j \right]$$

所以要想确定代数精度，只需要对 1,2,3,...,m 次依次检验即可。

例如，已知求积公式

$$\int_0^1 f(x)\mathrm{d}x \approx \frac{1}{2}[f(0) + f(1)] - \frac{1}{12}\left[f'(1) - f'(0)\right]$$

求该求积公式的代数精度。

解：（1）令 $f(x) = x$，代入公式可得等号左右两边分别为

$$\int_0^1 x\mathrm{d}x = \frac{1}{2}, \frac{1}{2}[f(0) + f(1)] - \frac{1}{12}\left[f'(1) - f'(0)\right] = \frac{1}{2} \times (0+1) - \frac{1}{12} \times (1-1) = \frac{1}{2}$$

易知满足条件；

（2）令 $f(x) = x^2$，代入公式可得等号左右两边分别为

$$\int_0^1 x^2 \mathrm{d}x = \frac{1}{3}, \frac{1}{2}[f(0) + f(1)] - \frac{1}{12}\left[f'(1) - f'(0)\right] = \frac{1}{2} \times (0+1) - \frac{1}{12} \times (2-0) = \frac{1}{3}$$

易知满足条件；

（3）令 $f(x) = x^3$，代入公式可得等号左右两边分别为

$$\int_0^1 x^3 \mathrm{d}x = \frac{1}{4}, \frac{1}{2}[f(0) + f(1)] - \frac{1}{12}\left[f'(1) - f'(0)\right] = \frac{1}{2} \times (0+1) - \frac{1}{12} \times (3-0) = \frac{1}{4}$$

易知满足条件；

（4）令 $f(x) = x^4$，代入公式可得等号左右两边分别为

$$\int_0^1 x^4 \mathrm{d}x = \frac{1}{5}, \frac{1}{2}[f(0)+f(1)] - \frac{1}{12}[f'(1)-f'(0)] = \frac{1}{2} \times (0+1) - \frac{1}{12} \times (4-0) = \frac{1}{6}$$

易知不满足条件。

所以该求积公式的代数精度为三阶。

例如，现需要构造 $\int_0^{3h} f(x)\mathrm{d}x \approx A_0 f(0) + A_1 f(h) + A_2 f(2h)$ 的数值求积公式，并且要求代数精度尽可能高。

解：在公式中含有 3 个待定系数，所以可令 0,1,2 次时成立，即

$$\begin{cases} 3h = A_0 + A_1 + A_2 \\ \dfrac{9}{2}h^2 = hA_1 + 2hA_2 \\ 9h^3 = h^2 A_1 + 4h^2 A_2 \end{cases}$$

解得

$$\begin{cases} A_0 = \dfrac{3}{4}h \\ A_1 = 0 \\ A_2 = \dfrac{9}{4}h \end{cases}$$

所以

$$\int_0^{3h} f(x)\mathrm{d}x \approx \frac{h}{4}[3f(0) + 9f(2h)]$$

经过检验，当 $f(x) = 1$ 时，等号两边的值相等；当 $f(x) = x$ 时，等号两边的值相等；当 $f(x) = x^2$ 时，等号两边的值相等；当 $f(x) = x^3$ 时，等号两边的值不相等。所以此求积公式具有二阶代数精度。

5.2 插值型求积公式与牛顿-科茨公式

5.2.1 插值型求积公式

计算积分 $\int_a^b f(x)dx$ 时,可以将函数 $f(x)$ 的多项式插值假设为 $L_n(x)$,那么

$$L_n(x) = \sum_{k=0}^n l_k(x) f(x_k)$$

进而可得如下插值型求积公式:

$$\int_a^b f(x)dx \approx \int_a^b L_n(x)dx = \sum_{k=0}^n A_k f(x_k)$$

其中求积系数为

$$A_k = \int_a^b l_k(x)dx = \int_a^b \frac{(x-x_0)\cdots(x-x_{k-1})(x-x_{k+1})\cdots(x-x_n)}{(x_k-x_0)\cdots(x_k-x_{k-1})(x_k-x_{k+1})\cdots(x_k-x_n)} dx$$

$x_k(k=0,1,2,\cdots,n)$ 是求积节点,其余项称作求积误差,余项为

$$E(f) = \int_a^b f(x)dx - \sum_{k=0}^n A_k f(x_k)$$

插值型求积公式的误差为

$$E(f) = \int_a^b f(x)dx - \sum_{k=0}^n A_k f(x_k) = \int_a^b \frac{f^{(n+1)}(\xi)}{(n+1)!} \omega_{n+1}(x)dx$$

若 $f(x)$ 的次数小于 n,则 $E(f) = 0$,说明插值型求积公式至少具有 n 阶代数精度。而若已知某求积公式为 $I_n = \sum_{k=0}^n A_k f(x_k)$,并且其代数精度至少为 n 阶,则其对 n 次插值基函数准确成立,从而 $\int_a^b l_k(x)dx = \sum_{j=0}^n A_j l_k(x_j) = A_k$,

所以此求积公式为插值型求积公式,由此可推出有关定理:求积公式 $I_n = \sum_{k=0}^{n} A_k f(x_k)$ 至少有 n 阶代数精度的充要条件是该求积公式是插值型求积公式。

例如,求插值型求积公式 $\int_{-1}^{1} f(x) dx \approx A_0 f\left(-\frac{1}{2}\right) + A_1 f\left(\frac{1}{2}\right)$,并确定其代数精度。

解:令 $x_0 = -\frac{1}{2}, x_1 = \frac{1}{2}, l_0(x) = \frac{1}{2} - x, l_1(x) = x + \frac{1}{2}$,则求积系数为

$$A_0 = \int_{-1}^{1} \left(-x + \frac{1}{2}\right) dx = 1, A_1 = \int_{-1}^{1} \left(x + \frac{1}{2}\right) dx = 1$$

所以插值型求积公式为

$$\int_{-1}^{1} f(x) dx \approx f\left(-\frac{1}{2}\right) + f\left(\frac{1}{2}\right)$$

此时 $m \geq 1$,而当 m 为 2 时,

$$f\left(-\frac{1}{2}\right) + f\left(\frac{1}{2}\right) = \frac{1}{2} \neq \int_{-1}^{1} x^2 dx = \frac{2}{3}$$

所以该求积公式的代数精度为一阶。

5.2.2 牛顿-科茨公式

把积分区间 $[a,b]$ 等分成 n 份,取 $x_k = a + kh$ 作为求积节点,那么由

$$A_k = \int_a^b l_k(x) dx = \int_a^b \frac{(x-x_0)\cdots(x-x_{k-1})(x-x_{k+1})\cdots(x-x_n)}{(x_k-x_0)\cdots(x_k-x_{k-1})(x_k-x_{k+1})\cdots(x_k-x_n)} dx$$

可得

$$A_k = h \int_0^n \frac{t(t-1)\cdots(t-k+1)(t-k-1)\cdots(t-n)}{k!(-1)^{n-k}(n-k)!} dt$$

若

$$C_k^{(n)} = \frac{(-1)^{n-k}}{n \cdot k! \cdot (n-k)!} \int_0^n t(t-1)\cdots(t-k+1)(t-k-1)\cdots(t-n)dt$$

则

$$A_k = (b-a)C_k^{(n)}$$

对应的插值型求积公式为

$$I(f) = (b-a)\sum_{k=0}^n C_k^{(n)} f(x_k)$$

该公式称为牛顿－科茨（Cotes）公式，$C_k^{(n)}$ 称为科茨系数。科茨系数的值只与 n 有关，知道了 n 的值即可求出科茨系数。例如，当 n 的值为 1 时，可得

$$C_0^{(1)} = \frac{(-1)^{1-0}}{1 \times 0! \times (1-0)!} \int_0^1 (t-1)dt = \frac{-1}{1} \frac{(t-1)^2}{2} \bigg|_0^1 = \frac{1}{2}$$

$$C_1^{(1)} = \frac{(-1)^{1-1}}{1 \times 1! \times (1-1)!} \int_0^1 (t-0)dt = \frac{t^2}{2} \bigg|_0^1 = \frac{1}{2}$$

则对应的牛顿－科茨公式为

$$I(f) = \frac{b-a}{2}[f(a) + f(b)]$$

当 n 的值为 2 时，可得

$$C_0^{(2)} = \frac{(-1)^{2-0}}{2 \times 0! \times (2-0)!} \int_0^2 (t-1)(t-2)dt$$

$$= \frac{1}{4} \int_0^2 \left[(t-2)^2 + (t-2)\right]dt$$

$$= \frac{1}{4}\left[\frac{1}{3}(t-2)^3 + \frac{1}{2}(t-2)^2\right]\bigg|_0^2 = \frac{1}{6}$$

$$C_1^{(2)} = -\frac{1}{2}\int_0^2 t(t-2)\mathrm{d}t = \frac{2}{3}$$

$$C_2^{(2)} = \frac{1}{4}\int_0^2 t(t-1)\mathrm{d}t = \frac{1}{6}$$

则对应的牛顿－科茨公式为

$$I(f) = \frac{b-a}{6}\left[f(a) + 4f\left(\frac{a+b}{2}\right) + f(b)\right]$$

这也叫辛普森（Simpson）公式。

再如，当 n 的值为4时，可得科茨系数为

$$C_0^{(4)} = \frac{7}{90}, C_1^{(4)} = \frac{32}{90}, C_2^{(4)} = \frac{12}{90}, C_3^{(4)} = \frac{32}{90}, C_4^{(4)} = \frac{7}{90}$$

则对应的牛顿－科茨公式为

$$I(f) = \frac{b-a}{90}\left[7f(x_0) + 32f(x_1) + 12f(x_2) + 32f(x_3) + 7f(x_4)\right]$$

这也称作科茨公式，其中 $x_i = a + ih, h = \dfrac{b-a}{4}, i = 0,1,2,3,4$，进行验算后可知科茨公式的代数精度为五阶。

部分常用科茨系数如表 5-1 所示。

表5-1 部分常用科茨系数表

n	$C_0^{(n)}$	$C_1^{(n)}$	$C_2^{(n)}$	$C_3^{(n)}$	$C_4^{(n)}$	$C_5^{(n)}$	$C_6^{(n)}$
1	$\dfrac{1}{2}$	$\dfrac{1}{2}$	—	—	—	—	—
2	$\dfrac{1}{6}$	$\dfrac{2}{3}$	$\dfrac{1}{6}$	—	—	—	—
3	$\dfrac{1}{8}$	$\dfrac{3}{8}$	$\dfrac{3}{8}$	$\dfrac{1}{8}$	—	—	—

续 表

n	$C_0^{(n)}$	$C_1^{(n)}$	$C_2^{(n)}$	$C_3^{(n)}$	$C_4^{(n)}$	$C_5^{(n)}$	$C_6^{(n)}$
4	$\dfrac{7}{90}$	$\dfrac{16}{45}$	$\dfrac{2}{15}$	$\dfrac{16}{45}$	$\dfrac{7}{90}$	—	—
5	$\dfrac{19}{288}$	$\dfrac{25}{96}$	$\dfrac{25}{144}$	$\dfrac{25}{144}$	$\dfrac{25}{96}$	$\dfrac{19}{288}$	—
6	$\dfrac{41}{840}$	$\dfrac{9}{35}$	$\dfrac{9}{280}$	$\dfrac{134}{105}$	$\dfrac{9}{280}$	$\dfrac{9}{35}$	$\dfrac{41}{840}$

例如，已知积分表达式 $\int_0^1 \dfrac{\sin x}{x} dx$，则当 n 的值为 1,2,3,4,5 时的积分值是多少？

解：令 $f(x) = \dfrac{\sin x}{x}, I = \int_0^1 \dfrac{\sin x}{x} dx = 0.946\,083\,070\,37$

当 n 的值为 1 时，

$$f(0) = 1, f(1) = 0.841\,470\,98$$

从而可得

$$I_1 = \frac{1}{2}[f(0) + f(1)] = 0.920\,735\,49$$

当 n 的值为 2 时，

$$f\left(\frac{1}{2}\right) = 0.958\,851\,08$$

$$I_2 = \frac{1}{6}\left[f(0) + 4f\left(\frac{1}{2}\right) + f(1)\right] = 0.946\,145\,9$$

当 n 的值为 3 时，

$$f\left(\frac{1}{3}\right) = 0.981\,584\,09, f\left(\frac{2}{3}\right) = 0.927\,554\,7$$

$$I_3 = \frac{1}{8}\left[f(0) + 3f\left(\frac{1}{3}\right) + 3f\left(\frac{2}{3}\right) + f(1)\right] = 0.94611092$$

当 n 的值为 4 时，

$$f\left(\frac{1}{4}\right) = 0.98961584, f\left(\frac{2}{4}\right) = 0.95885108, f\left(\frac{3}{4}\right) = 0.90885168$$

$$I_4 = \frac{1}{90}\left[7f(0) + 32f\left(\frac{1}{4}\right) + 12f\left(\frac{2}{4}\right) + 32f\left(\frac{3}{4}\right) + 7f(1)\right] = 0.9460830$$

当 n 的值为 5 时，

$$f\left(\frac{1}{5}\right) = 0.99334665, f\left(\frac{2}{5}\right) = 0.97354586$$

$$f\left(\frac{3}{5}\right) = 0.94107079, f\left(\frac{4}{5}\right) = 0.89669511$$

$$I_5 = \frac{1}{288}\left[19f(0) + 75f\left(\frac{1}{5}\right) + 50f\left(\frac{2}{5}\right) + 50f\left(\frac{3}{5}\right) + 75f\left(\frac{4}{5}\right) + 19f(1)\right] = 0.9460830$$

5.2.3 牛顿-科茨公式的误差

若 $f''(x)$ 在区间 $[a,b]$ 上是连续的，则余项为

$$R(f) = -\frac{(b-a)^3}{12}f''(\eta), \eta \in [a,b]$$

证明过程如下：

根据条件可得 $f(x) - P_1(x) = \frac{f''(\xi)}{2}(x-a)(x-b), a \leqslant \xi \leqslant b$，对等式两边

积分后可得 $R(f) = \int_a^b \frac{f''(\xi)}{2}(x-a)(x-b)\mathrm{d}x$，利用积分中值定理可得

$$\int_a^b f''(\xi)(x-a)(x-b)\mathrm{d}x = f''(\eta)\int_a^b (x-a)(x-b)\mathrm{d}x = -\frac{(b-a)^3}{6}f''(\eta)$$

所以余项为

$$R(f) = -\frac{(b-a)^3}{12}f''(\eta)$$

证明过程结束。

若 $f^{(4)}(x)$ 在 $[a,b]$ 上是连续的，则余项为

$$R(f) = -\frac{1}{2880}(b-a)^5 f^{(4)}(\eta), \eta \in [a,b]$$

证明过程如下：

取区间的两端端点和中间点为节点，构造三次代数插值多项式，并且多项式满足如下条件：

$$P_3(a) = f(a)$$

$$P_3\left(\frac{a+b}{2}\right) = f\left(\frac{a+b}{2}\right)$$

$$P_3(b) = f(b)$$

$$P_3'\left(\frac{a+b}{2}\right) = f'\left(\frac{a+b}{2}\right)$$

那么

$$f(x) = P_3(x) + \frac{f^{(4)}(\xi)}{4!}(x-a)\left(x-\frac{a+b}{2}\right)^2(x-b)$$

$$\int_a^b P_3(x)\mathrm{d}x = \frac{b-a}{6}\left[f(a) + 4f\left(\frac{a+b}{2}\right) + f(b)\right]$$

所以

$$R(f) = \int_a^b \frac{f^{(4)}(\xi)}{4!}(x-a)\left(x-\frac{a+b}{2}\right)^2(x-b)\mathrm{d}x$$

式中：$f^{(4)}(\xi)$ 是区间 $[a,b]$ 上关于 ξ 的连续函数。根据积分中值定理可知在区间 $[a,b]$ 中存在一点 η 满足如下表达式：

$$R(f) = \frac{f^{(4)}(\eta)}{4!} \int_a^b (x-a)\left(x - \frac{a+b}{2}\right)^2 (x-b) dx = -\frac{(b-a)^5}{2880} f^{(4)}(\eta)$$

若 $f(x)$ 在区间 $[a,b]$ 上有六阶的连续导数，则科茨公式的余项为

$$R(f) = -\frac{2(b-a)}{945} h^6 f^{(6)}(\xi), \xi \in (a,b)$$

当 n 的值分别为奇数和偶数时，对应的科茨公式的余项也分如下两种情况：

（1）如果 n 是奇数，并且 $f^{(n+1)}(x)$ 在区间 $[a,b]$ 上是连续的，那么可得

$$R(f) = \frac{f^{(n+1)}(\eta_1)}{(n+1)!} \int_a^b \omega_{n+1}(x) dx = \frac{h^{n+2} f^{(n+1)}(\eta_1)}{(n+1)!} \int_0^n (t-1)(t-2)\cdots(t-n) dt$$

此时 n 阶牛顿-科茨公式具有 n 阶代数精度；

②如果 n 是偶数，并且 $f^{(n+2)}(x)$ 在区间 $[a,b]$ 上是连续的，那么可得

$$R(f) = \frac{f^{(n+2)}(\eta_2)}{(n+2)!} \int_a^b x\omega_{n+1}(x) dx = \frac{h^{n+3} f^{(n+2)}(\eta_2)}{(n+2)!} \int_0^n \left(t - \frac{n}{2}\right)(t-1)(t-2)\cdots(t-n) dt$$

此时 n 阶牛顿-科茨公式具有 $n+1$ 阶代数精度。

在两个结论中 $h = \frac{b-a}{n}, \eta_1, \eta_2 \in [a,b]$。

5.3 复化求积法与变步长求积法

5.3.1 复化求积法

1. 复化梯形公式

若将区间 $[a,b]$ 等分成 n 份，节点为 $x_k = a + kh, k = 0,1,\cdots,n$，则在每个小区间中使用牛顿-科茨求积公式后再求和，得到的公式即为复化求积公

式。而如果在每个小区间上运用梯形公式,可以得到

$$I_k = \frac{x_k - x_{k-1}}{2}\big[f(x_{k-1}) + f(x_k)\big] = \frac{h}{2}\big[f(x_{k-1}) + f(x_k)\big]$$

那么

$$\int_a^b f(x)\mathrm{d}x = \sum_{k=1}^n \int_{x_{k-1}}^{x_k} f(x)\mathrm{d}x \approx \sum_{k=1}^n I_k = \frac{h}{2}\sum_{k=1}^n \big[f(x_{k-1}) + f(x_k)\big]$$

整理后可得

$$\int_a^b f(x)\mathrm{d}x \approx T_n = \frac{h}{2}\bigg[f(a) + 2\sum_{k=1}^{n-1} f(x_k) + f(b)\bigg]$$

该复化求积公式称作复化梯形公式。

2. 复化辛普森公式

若在每个小区间中使用辛普森公式,且 $x_{k-\frac{1}{2}} = x_{k-1} + \frac{1}{2}$,可得

$$I_k = \frac{x_k - x_{k-1}}{6}\bigg[f(x_{k-1}) + 4f\bigg(x_{k-\frac{1}{2}}\bigg) + f(x_k)\bigg] = \frac{h}{6}\bigg[f(x_{k-1}) + 4f\bigg(x_{k-\frac{1}{2}}\bigg) + f(x_k)\bigg]$$

则

$$\int_a^b f(x)\mathrm{d}x = \sum_{k=1}^n \int_{x_{k-1}}^{x_k} f(x)\mathrm{d}x \approx \sum_{k=1}^n I_k = \frac{h}{6}\sum_{k=1}^n \bigg[f(x_{k-1}) + 4f\bigg(x_{k-\frac{1}{2}}\bigg) + f(x_k)\bigg]$$

对该式进行整理后可得

$$\int_a^b f(x)\mathrm{d}x \approx S_n = \frac{h}{6}\bigg[f(a) + 4\sum_{k=1}^n f\bigg(x_{k-\frac{1}{2}}\bigg) + 2\sum_{k=1}^{n-1} f(x_k) + f(b)\bigg]$$

该复化求积公式称作复化辛普森公式。

3. 复化科茨公式

若在每个小区间中令

$$x_{k+\frac{1}{4}} = a + \bigg(k + \frac{1}{4}\bigg)h$$

$$x_{k+\frac{1}{2}} = a + \left(k + \frac{1}{2}\right)h, x_{k+\frac{3}{4}} = a + \left(k + \frac{3}{4}\right)h, k = 0, 1, \cdots, n$$

则

$$\int_a^b f(x)\mathrm{d}x \approx C_n = \frac{h}{90}\bigg[7f(a) + 32\sum_{k=0}^{n-1} f\left(x_{k+\frac{1}{4}}\right) +$$

$$12\sum_{k=0}^{n-1} f\left(x_{k+\frac{1}{2}}\right) + 32\sum_{k=0}^{n-1} f\left(x_{k+\frac{3}{4}}\right) + 14\sum_{k=0}^{n-1} f(x_k) + 7f(b)\bigg]$$

该复化求积公式称作复化科茨公式。

4. 复化求积公式的误差

若 $f''(x)$ 在区间 $[a,b]$ 上是连续的，则其复化梯形公式的余项是

$$R(T_n) = -\frac{b-a}{12}h^2 f''(\eta_1), \eta_1 \in [a,b]$$

证明过程如下：

在每个小区间上直接利用梯形公式的误差公式可以得到

$$R(T_n) = \int_a^b f(x)\mathrm{d}x - T_n$$

$$= \sum_{k=1}^{n}\left\{\int_{x_{k-1}}^{x_k} f(x)\mathrm{d}x - \frac{h}{2}\big[f(x_{k-1}) + f(x_k)\big]\right\}$$

$$= -\frac{h^3}{12}\sum_{k=1}^{n} f''(\xi_k), x_{k-1} \leqslant \xi \leqslant x_k$$

根据函数的连续性可知，在区间中存在点 η_1 使得

$$\frac{1}{n}\sum_{k=1}^{n} f''(\xi_k) = f''(\eta_1)$$

进一步可得复化梯形公式的截断误差是

$$R(T_n) = -\frac{b-a}{12}h^2 f''(\eta_1)$$

同理，若 $f^{(4)}(x)$ 连续，则其复化辛普森公式的余项是

$$R(S_n) = -\frac{b-a}{180}\left(\frac{h}{2}\right)^4 f^{(4)}(\eta_2), \eta_2 \in [a,b]$$

而若 $f^{(6)}(x)$ 连续，则其复化科茨公式的余项是

$$R(C_n) = -\frac{2(b-a)}{945}\left(\frac{h}{4}\right)^6 f^{(6)}(\eta_3), \eta_3 \in [a,b]$$

5.3.2 变步长求积法

1. 单步法

对于初值问题方程 $\begin{cases} y' = f(x,y) \\ y(x_0) = y_0 \end{cases}$，从初始点开始选取离散节点

$$x_0 < x_1 < x_2 < \cdots < x_n$$

求出准确值的近似值 $y_1, y_2, \cdots, y_n$，若各个节点之间等距，将初值问题方程进行积分可得

$$y(x_{n+1}) - y(x_n) = \int_{x_n}^{x_{n+1}} f(x,y)\mathrm{d}x$$

对等式右端运用数值积分的左矩形公式可得

$$\int_{x_n}^{x_{n+1}} f(x,y)\mathrm{d}x \approx (x_{n+1} - x_n) f(x_n, y(x_n))$$

则初值问题的数值求解递推公式为

$$\begin{cases} y_{n+1} = y_n + hf(x_n, y_n) \\ y_0 = y(x_0) \end{cases}$$

该公式称为显式欧拉法，简称欧拉法。

若对 $y(x_{n+1}) - y(x_n) = \int_{x_n}^{x_{n+1}} f(x,y)\mathrm{d}x$ 的等式右端运用数值积分的右矩形公式可得

$$\int_{x_n}^{x_{n+1}} f(x,y)\mathrm{d}x \approx (x_{n+1}-x_n)f(x_{n+1},y(x_{n+1}))$$

进行近似替代后可得

$$y(x_{n+1}) \approx y(x_n) + hf(x_{n+1},y(x_{n+1}))$$

则进一步可得

$$\begin{cases} y_{n+1} = y_n + hf(x_{n+1},y_{n+1}) \\ y_0 = y(x_0) \end{cases}$$

这种方法叫作隐式欧拉法。

同理，若用数值积分的梯形公式对 $y(x_{n+1}) - y(x_n) = \int_{x_n}^{x_{n+1}} f(x,y)\mathrm{d}x$ 的等式右端进行变换可得

$$\int_{x_n}^{x_{n+1}} f(x,y)\mathrm{d}x \approx \frac{x_{n+1}-x_n}{2}\left[f(x_n,y(x_n)) + f(x_{n+1},y(x_{n+1}))\right]$$

经过近似替代后可得

$$\begin{cases} y_{n+1} = y_n + \dfrac{h}{2}\left[f(x_n,y_n) + f(x_{n+1},y_{n+1})\right] \\ y_0 = y(x_0) \end{cases}$$

2. 多步法

多步法的一般形式为

$$y_{n+1} = \sum_{i=0}^{k} a_i y_{n-i} + h\sum_{i=-1}^{k} b_i f_{n-i}$$

该公式称作线性 $k+1$ 步法。

如果 $y(x_{n+1})$ 是初值问题在点 $x = x_{n+1}$ 处的精确解，那么线性多步法的局部截断误差为

$$T_{n+1} = y(x_{n+1}) - y_{n+1} = y(x_{n+1}) - \sum_{i=0}^{k} a_i y(x_{n-i}) - h\sum_{i=-1}^{k} b_i f_{n-i}$$

$$= y(x_{n+1}) - \sum_{i=0}^{k} a_i y(x_{n-i}) - h\sum_{i=-1}^{k} b_i y'(x_{n-i})$$

将误差公式中的 $y(x_{n-i})$ 和 $y'(x_{n-i})$ 进行泰勒（Taylor）展开可得

$$y(x_{n-i}) = \sum_{l=0}^{p} \frac{(-ih)^l}{l!} y^{(l)}(x_n) + \frac{(-ih)^{p+1}}{(p+1)!} y^{(p+1)}(x_n) + O(h^{p+2})$$

$$y'(x_{n-i}) = \sum_{l=1}^{p} \frac{(-ih)^l}{(l-1)!} y^{(l)}(x_n) + \frac{(-ih)^p}{p!} y^{(p+1)}(x_n) + O(h^{p+1})$$

将展开式代入误差公式可得

$$T_{n+1} = \left(1 - \sum_{i=0}^{k} a_i\right) y(x_n) + \sum_{l=1}^{p} \frac{h^l}{l!} \left\{1 - \left[\sum_{s=1}^{k} (-s)^l a_s + l\sum_{s=-1}^{k} (-s)^{l-1} b_s\right]\right\} y^{(l)}(x_n) +$$

$$\frac{h^{p+1}}{(p+1)!} \left\{1 - \left[\sum_{s=1}^{k} (-s)^{p+1} a_s + (p+1)\sum_{s=-1}^{k} (-s)^p b_s\right]\right\} y^{(p+1)}(x_n) + O(h^{p+2}) =$$

$$C_0 y(x_n) + C_1 h y'(x_n) + C_2 h^2 y''(x_n) + \cdots + C_p h^p y^{(p)}(x_n) +$$

$$C_{p+1} h^{p+1} y^{(p+1)}(x_n) + O(h^{p+2})$$

式中：

$$\begin{cases} C_0 = 1 - \sum_{i=0}^{k} a_i \\ C_1 = 1 - \left[\sum_{s=1}^{k} (-s) a_s + \sum_{s=-1}^{k} b_s\right] \\ C_l = \frac{1}{l!} \left\{1 - \left[\sum_{s=1}^{k} (-s)^l a_s + l\sum_{s=-1}^{k} (-s)^{l-1} b_s\right]\right\}, l = 2, 3, \cdots, p, p+1 \end{cases}$$

则在 $C_0 = C_1 = C_2 = \cdots = C_p = 0$ 且 $C_{p+1} \neq 0$ 时，线性多步法的局部截断误差为

$$T_{n+1} = y(x_{n+1}) - y_{n+1} = C_{p+1} h^{p+1} y^{(p+1)}(x_n) + O(h^{p+2})$$

5.4 高斯求积公式与数值微分概述

5.4.1 高斯求积公式

对于带权积分 $\int_a^b \rho(x)f(x)\mathrm{d}x$，其中权函数为 $\rho(x) \geq 0$，用机械求积公式可以求得其数值积分公式为

$$\int_a^b \rho(x)f(x)\mathrm{d}x \approx \sum_{k=0}^{n} A_k f(x_k)$$

该公式称为高斯求积公式，其节点 x_k 称为高斯点，代数精度最高为 $2n+1$ 阶。

例如，已知公式 $\int_{-1}^{1} f(x)\mathrm{d}x \approx A_1 f(x_1) + A_2 f(x_2)$，求当 x_1, x_2, A_1, A_2 满足什么条件时该公式为高斯求积公式。

解：因为公式 $\int_{-1}^{1} f(x)\mathrm{d}x \approx A_1 f(x_1) + A_2 f(x_2)$ 对于 $f(x) = 1, x, x^2, x^3$ 均精准成立，所以

$$\begin{cases} A_1 + A_2 = 2 \\ A_1 x_1 + A_2 x_2 = 0 \\ A_1 x_1^2 + A_2 x_2^2 = \dfrac{2}{3} \\ A_1 x_1^3 + A_2 x_2^3 = 0 \end{cases}$$

求解该方程组后可得

$$\begin{cases} A_1 = A_2 = 1 \\ x_1 = -\dfrac{\sqrt{3}}{3} \\ x_2 = \dfrac{\sqrt{3}}{3} \end{cases}$$

所以

$$\int_{-1}^{1} f(x)\mathrm{d}x \approx f\left(-\frac{\sqrt{3}}{3}\right) + f\left(\frac{\sqrt{3}}{3}\right)$$

显然该公式具有三阶代数精度，所以是高斯求积公式。

当求积的节点过多时，求解过程需要用到正交多项式的特性来求节点，以上面例题为例，因为 $\int_{-1}^{1} f(x)\mathrm{d}x \approx A_1 f(x_1) + A_2 f(x_2)$ 对所有次数小于或等于 3 的多项式均准确成立，所以可取 $f(x)$ 的三次多项式，接着使用 $\omega_1(x) = (x - x_1)(x - x_2)$ 消去 $f(x)$，根据余除法可得

$$f(x) = (\beta_0 + \beta_1 x)(x - x_1)(x - x_2) + r_1(x)$$

等号两边同时积分可得

$$\int_{-1}^{1} f(x)\mathrm{d}x = \int_{-1}^{1} (\beta_0 + \beta_1 x)(x - x_1)(x - x_2)\mathrm{d}x + \int_{-1}^{1} r_1(x)\mathrm{d}x$$

该等式对于任意的一次多项式 $\beta_0 + \beta_1 x$ 都有

$$\int_{-1}^{1} (\beta_0 + \beta_1 x)(x - x_1)(x - x_2)\mathrm{d}x = 0$$

那么 $\int_{-1}^{1} f(x)\mathrm{d}x = \int_{-1}^{1} r_1(x)\mathrm{d}x$，构造如下数值积分公式：

$$\int_{-1}^{1} r_1(x)\mathrm{d}x = A_1 f(x_1) + A_2 f(x_2)$$

由 $\int_{-1}^{1} (\beta_0 + \beta_1 x)(x - x_1)(x - x_2)\mathrm{d}x = 0$ 可得

$$\begin{cases} \int_{-1}^{1} (x - x_1)(x - x_2)\mathrm{d}x = 0 \\ \int_{-1}^{1} x(x - x_1)(x - x_2)\mathrm{d}x = 0 \end{cases}$$

整理后可得

$$\begin{cases} \dfrac{2}{3} + 2x_1 x_2 = 0 \\ x_1 + x_2 = 0 \end{cases}$$

解得 $x_1 = -\dfrac{\sqrt{3}}{3}, x_2 = \dfrac{\sqrt{3}}{3}$，接着利用求积公式可得 $\begin{cases} A_1 + A_2 = 2 \\ A_1 x_1 + A_2 x_2 = 0 \end{cases}$，求解后得到 $A_1 = A_2 = 1$，所以求积公式为

$$\int_{-1}^{1} f(x)\mathrm{d}x \approx f\left(-\dfrac{\sqrt{3}}{3}\right) + f\left(\dfrac{\sqrt{3}}{3}\right)$$

若已知对于插值型求积公式的节点为 $a \leqslant x_0 < x_1 < \cdots < x_n \leqslant b$，高斯求积公式的充要条件是对应这些零点的多项式 $\omega_{n+1}(x)$ 和所有次数小于或等于 n 的多项式都是关于权函数正交的，即

$$\int_a^b \rho(x)\omega_{n+1}(x)P_n(x)\mathrm{d}x = 0$$

证明过程如下：

（1）运用余除法可得

$$f(x) = \omega_{n+1}(x)q(x) + r(x)$$

（2）对等号两边同时进行带权函数的积分，可得

$$\int_a^b \rho(x)f(x)\mathrm{d}x = \int_a^b \rho(x)\omega_{n+1}(x)q(x)\mathrm{d}x + \int_a^b \rho(x)r(x)\mathrm{d}x$$

$$= (\omega_{n+1}, q) + \int_a^b \rho(x)r(x)\mathrm{d}x$$

（3）运用插值型求积公式可得

$$\int_a^b \rho(x)r(x)\mathrm{d}x = \sum_{k=0}^{n} A_k r(x_k) = \sum_{k=0}^{n} A_k f(x_k)$$

$$\int_a^b \rho(x)f(x)\mathrm{d}x = \sum_{k=0}^{n} A_k f(x_k)$$

（4）证明必要性如下：

$$\int_a^b \rho(x)\omega_{n+1}(x)q(x)\mathrm{d}x = \sum_{k=0}^n A_k\omega_{n+1}(x_k)q(x_k) = 0$$

对于高斯求积公式的余项，可用节点的 $2n+1$ 次埃尔米特插值多项式控制，即

$$P_{2n+1}(x_k) = f(x_k), P'_{2n+1}(x_k) = f'(x_k), k = 0,1,2,\cdots,n$$

$$f(x) = P_{2n+1}(x) + \frac{f^{(2n+2)}(\xi)}{(2n+2)!}\omega_{n+1}^2(x)$$

对等号两边同时乘以 $\rho(x)$，接着进行积分可得

$$\int_a^b \rho(x)f(x)\mathrm{d}x = \int_a^b \rho(x)P_{2n+1}(x)\mathrm{d}x + R(f)$$

所以

$$R(f) = \int_a^b \rho(x)f(x)\mathrm{d}x - \sum_{k=0}^n A_k f(x_k) = \int_a^b \frac{f^{(2n+2)}(\xi)}{(2n+2)!}\omega_{n+1}^2(x)\rho(x)\mathrm{d}x$$

根据积分中值定理可得

$$R(f) = \frac{f^{(2n+2)}(\eta)}{(2n+2)!}\int_a^b \rho(x)\omega_{n+1}^2(x)\mathrm{d}x$$

对于 $2n+2$ 次多项式有

$$f(x) = \left[(x-x_0)(x-x_1)\cdots(x-x_n)\right]^2$$

因为 $\int_a^b \rho(x)f(x)\mathrm{d}x > 0$，但是 $\sum_{k=0}^n A_k f(x_k) = 0$，所以求积公式的代数精度要小于 $2n+2$ 阶。

5.4.2 数值微分概述

已知函数 $f(x)$ 的节点对应的函数值为 $f(x_i)$，则可以构造 $f(x)$ 的如下拉格朗日型插值多项式：

$$P_n(x) = \sum_{i=0}^{n} y_i l_i(x)$$

所以

$$f'(x) \approx P_n'(x)$$

由此得到的公式称为插值型求导公式。

需要注意的是，$f(x)$ 和 $P_n(x)$ 的对应函数值近似相等，但其对应的切线斜率（导数）并不一定近似，可能会差别很大，所以需要分析 $f'(x) \approx P_n'(x)$ 的误差，分析误差的过程如下：

根据插值余项公式可得

$$R_n(x) = f(x) - P_n(x) = \frac{f^{(n+1)}(\xi)}{(n+1)!} \omega_{n+1}(x), \xi \in (a,b)$$

进而可得 $f'(x) \approx P_n'(x)$ 的余项为

$$f'(x) - P_n'(x) = \frac{\mathrm{d}}{\mathrm{d}x}\left(\frac{f^{(n+1)}(\xi)}{(n+1)!} \omega_{n+1}(x)\right)$$

$$= \frac{\omega_{n+1}(x)}{(n+1)!} \frac{\mathrm{d}}{\mathrm{d}x}\left[f^{(n+1)}(\xi)\right] + \frac{f^{(n+1)}(\xi)}{(n+1)!} \omega_{n+1}'(x)$$

当 $x=x_i$ 时，可得

$$f'(x_i) \approx P_n'(x_i)$$

所以误差为

$$f'(x_i) - P_n'(x_i) = \frac{f^{(n+1)}(\xi)}{(n+1)!} \omega_{n+1}'(x_i)$$

当 n 的值为 1 时，根据公式 $f'(x_i) \approx P_n'(x_i)$ 可得如下两点公式：

$$\begin{cases} f'(x_0) \approx P_1'(x_0) = \dfrac{f(x_1) - f(x_0)}{h} \\ f'(x_1) \approx P_1'(x_1) = \dfrac{f(x_1) - f(x_0)}{h} \end{cases}$$

式中：$h=x_1-x_0$。根据公式 $f'(x_i)-P'_n(x_i)=\dfrac{f^{(n+1)}(\xi)}{(n+1)!}\omega'_{n+1}(x_i)$，可得两点公式的余项为

$$\begin{cases} f'(x_0)-P'_1(x_0)=-\dfrac{h}{2}f''(\xi_0) \\ f'(x_1)-P'_1(x_1)=\dfrac{h}{2}f''(\xi_1) \end{cases} \quad (\xi_0,\xi_1\in[x_0,x_1])$$

当 n 的值为 2 时，对应的函数值为

$$y_0=f(x_0), y_1=f(x_1), y_2=f(x_2)$$

式中：$x_1=x_0+h, x_2=x_0+2h$。所以拉格朗日型插值多项式为

$$P_2(x)=\dfrac{(x-x_1)(x-x_2)}{(x_0-x_1)(x_0-x_2)}y_0+\dfrac{(x-x_0)(x-x_2)}{(x_1-x_0)(x_1-x_2)}y_1+\dfrac{(x-x_0)(x-x_1)}{(x_2-x_0)(x_2-x_1)}y_2$$

$$=\dfrac{(x-x_1)(x-x_2)}{2h^2}y_0+\dfrac{(x-x_0)(x-x_2)}{-h^2}y_1+\dfrac{(x-x_0)(x-x_1)}{2h^2}y_2$$

则有 $P'_2(x)=\dfrac{2x-x_1-x_2}{2h^2}y_0+\dfrac{2x-x_0-x_2}{-h^2}y_1+\dfrac{2x-x_0-x_1}{2h^2}y_2$

所以三点公式为

$$\begin{cases} f'(x_0)\approx P'_2(x_0)=\dfrac{1}{2h}[-3f(x_0)+4f(x_1)-f(x_2)] \\ f'(x_1)\approx P'_2(x_1)=\dfrac{1}{2h}[-f(x_0)+f(x_2)] \\ f'(x_2)\approx P'_2(x_2)=\dfrac{1}{2h}[f(x_0)-4f(x_1)+3f(x_2)] \end{cases}$$

对应的余项为

$$\begin{cases} f'(x_0)-P'_2(x_0)=\dfrac{h^2}{3}f'''(\xi_0) \\ f'(x_1)-P'_2(x_1)=-\dfrac{h^2}{6}f'''(\xi_1) \\ f'(x_2)-P'_2(x_2)=\dfrac{h^2}{3}f'''(\xi_2) \end{cases} (\xi_0,\xi_1,\xi_2\in[x_0,x_2])$$

求导后可得

$$P_2^{''}(x) = \frac{1}{h^2}\left[f(x_0) - 2f(x_1) + f(x_2)\right]$$

则高阶导数的近似值的数值微分为

$$\begin{cases} f^{''}(x_0) \approx P_2^{''}(x_0) = \frac{1}{h^2}\left[f(x_0) - 2f(x_1) + f(x_2)\right] \\ f^{''}(x_1) \approx P_2^{''}(x_1) = \frac{1}{h^2}\left[f(x_0) - 2f(x_1) + f(x_2)\right] \\ f^{''}(x_2) \approx P_2^{''}(x_2) = \frac{1}{h^2}\left[f(x_0) - 2f(x_1) + f(x_2)\right] \end{cases}$$

对应的余项为

$$\begin{cases} f^{''}(x_0) - P_2^{''}(x_0) = -hf^{'''}(\xi_1) + \frac{h^2}{6}f^{(4)}(\xi_2) \\ f^{''}(x_1) - P_2^{''}(x_1) = -\frac{h^2}{12}f^{(4)}(\xi_3) \qquad (\xi_1,\xi_2,\xi_3,\xi_4,\xi_5 \in [x_0,x_2]) \\ f^{''}(x_2) - P_2^{''}(x_2) = hf^{'''}(\xi_4) + \frac{h^2}{6}f^{(4)}(\xi_5) \end{cases}$$

由上面的过程可知,两点公式和三点公式具有较高的精度。

第6章　常微分方程与偏微分方程的数值解法

第6章 常微分方程与偏微分方程的数值解法

6.1 常微分方程数值解法的基础

在实际的工程实践中，大量的数学问题可以通过微分方程进行表述，许多现代自然科学的核心方程恰是微分方程的形式。因此，在自然科学和工程技术等广泛领域中，解决常微分方程的定解问题成了一个常见的需求。在大部分情况下，这些问题难以找到解析解，必须采用近似方法来解决。具体的计算过程主要依赖于数值解法。常微分方程数值解法的基础是如下一阶常微分方程的初值问题的解决方法：

$$\begin{cases} y' = f(x,y) \\ y(x_0) = y_0 \end{cases}$$

在解题过程中，若函数 $f(x,y)$ 是光滑的，则可以确定该初值问题的解是唯一的。初值问题的数值解法就是找离散点 $x_0 < x_1 < \cdots < x_n < \cdots$ 上对应的近似值 $y_0, y_1, \cdots, y_n, \cdots$，其中步长为 $h = x_{n+1} - x_n$。一般令各个离散点之间的距离是相等的，并且在求解过程中采用递进法，即求解过程顺着各个节点的排列顺序一步步向前推进，递进法的目的是利用已知信息 $y_0, y_1, \cdots, y_n, \cdots$ 表示出 y_{n+1}，而递进法又分为单步法和多步法，其中单步法是常微分方程数值解法的基础。

单步法包含两个基础的公式，分别是欧拉公式和梯形公式。

6.1.1 欧拉公式

欧拉公式的具体形式是

$$y_{n+1} = y_n + hf(x_n, y_n)(n = 0, 1, \cdots)$$

对于该公式的解释如下：

1. 数值积分

该公式可以从 x 到 $x+k$ 进行积分，令 $x=x_n, k=h$，且被积函数 $f(t,y(t))$ 取为 $f(x_n,y_n)$，积分后得到的式子如下：

$$y(x+k) - y(x) = \int_{x}^{x+k} f(t,y(t))\mathrm{d}t$$

2. 用差商代替微商

用向前的差商来代替 $\begin{cases} y' = f(x,y) \\ y(x_0) = y_0 \end{cases}$ 里的微商。

3. 泰勒级数

把函数 $f(x)$ 在 x_n 处进行泰勒展开，并且取 h 的线性部分即可。

6.1.2 梯形公式

把 $\begin{cases} y' = f(x,y) \\ y(x_0) = y_0 \end{cases}$ 中的微分方程从 $x=x_n$ 到 $x=x_{n+1}$ 进行积分，并且把得到的积分运用梯形求积公式进行计算，这样可以得到如下梯形公式的具体形式：

$$y_{n+1} = y_n + \frac{h}{2}\big[f(x_n,y_n) + f(x_{n+1},y_{n+1})\big]$$

数值解法在解决常微分方程问题中扮演着至关重要的角色，并广泛应用于实际工程问题中。尽管实际工程模型的复杂度远超本书讨论的简化案例，但本书介绍的单步法、多步法及泰勒级数展开技术为人们处理复杂问题提供了宝贵的方法论。在典型应用中，大多数初值问题常采用二阶数值方法。对于要求高精度且函数 f 具有高度光滑性的情况，四阶龙格－库塔法是一个常见选择，尽管其计算量相对较大。在这种情况下，可以考虑使用计算效率更高的同阶线性多步法。

6.2 龙格-库塔法与线性多步法

6.2.1 龙格-库塔法

泰勒级数展开与数值积分方法是常微分方程初值问题求解中的两个重要方法,龙格-库塔法是指以泰勒级数展开为基础的一种高阶方法。龙格-库塔法起源于欧拉折线法。1895 年,德国数学家龙格发表了《常微分方程数值解法》一书,书中包含龙格-库塔法。

在龙格-库塔法中,根据微分中值定理可以得到

$$\frac{y(x_{n+1})-y(x_n)}{h}=y'(x_n+\theta h), \theta\in(0,1) \quad (6\text{-}1)$$

根据公式 $\begin{cases} y'=f(x,y) \\ y(x_0)=y_0 \end{cases}$ 可将式(6-1)写为

$$y(x_{n+1})-y(x_n)+hf(x_n+\theta h, y(x_n+\theta h))$$

令在区间 $[x_n, x_{n+1}]$ 上的平均斜率为 $K=f(x_n+\theta h, y(x_n+\theta h))$,那么在此区间内某些点的斜率足够多时,将这些斜率进行加权平均,得到的平均斜率即为 K,这样可以构造出精度更高的计算公式,这也是龙格-库塔法的基本思想。

龙格-库塔法的一种形式如下:

$$\begin{cases} y_{n+1}=y_n+h\sum_{i=1}^{s}b_i k_i \\ k_i=f\left(x_n+c_i h, y_n+h\sum_{j=1}^{s}a_{ij}k_j\right), i,j=1,\cdots,s \\ c_i=\sum_{j=1}^{s}a_{ij}, i=1,\cdots,s \end{cases}$$

该形式对应的点阵如下：

$$\begin{array}{c|cccc} c_1 & a_{11} & a_{12} & \cdots & a_{1s} \\ c_2 & a_{21} & a_{22} & \cdots & a_{2s} \\ \vdots & \vdots & \vdots & \cdots & \vdots \\ c_s & a_{s1} & a_{s2} & \cdots & a_{ss} \\ \hline & b_1 & b_2 & \cdots & b_s \end{array}$$

则 s 级的龙格-库塔法可以由向量和矩阵，即

$$c = (c_1, c_2, \cdots, c_s)^{\mathrm{T}}, \boldsymbol{b} = (b_1, b_2, \cdots, b_s), \boldsymbol{A} = (a_{ij})_{s \times s}$$

确定，所以研究系数矩阵 $\boldsymbol{A}$ 的性质可以代替研究龙格-库塔法的性质。

6.2.2 线性多步法

上面内容所说的单步法只需要用到信息 y_n 即可计算出 y_{n+1}，这是单步法的优势，但若是想要提高单步法的精度，则需要在区间 $[x_n, x_{n+1}]$ 中选取足够多的节点，而随着选取的节点数量变多，计算量也会增加。在实际计算过程中，人们在计算 y_{n+1} 之前，已经得知 $y_0, y_1, \cdots, y_n$ 的值，只要利用这些已知信息即可得到更高的精度，这就是多步法的基本思想。以下是多步法的几种形式：

1. 亚当斯显式公式

已知条件为 $(x_n, f_n), (x_{n-1}, f_{n-1}), \cdots, (x_{n-r}, f_{n-r})$，即共有 $r+1$ 个已知条件，则可利用这些已知条件构造 r 次插值多项式，并将此多项式命名为 $P_r(x)$，可用牛顿后插公式来表示 $P_r(x)$，则亚当斯（Adams）显式公式的表示如下：

$$y_{n+1} = y_n + h \sum_{j=0}^{r} \beta_j \Delta^j f_{n-j}$$

式中：β_j 的值与 n、r 的值无关；在计算时有

$$\Delta^j f_{n-j} = \sum_{i=0}^{j} \binom{j}{i} f_{n-1}$$

当 r 的值为 0 时，该多步法恰变为单步法。

2. 米尔思公式

线性多步法的公式一般具有如下形式：

$$y_{n+1} = a_0 y_n + a_1 y_{n-1} + \cdots + a_r y_{n-r} + h(\beta_{-1} f_{n+1} + \beta_0 f_n + \cdots + \beta_r f_{n-r})$$

$$= \sum_{k=0}^{r} a_k y_{n-k} + h \sum_{k=-1}^{r} \beta_k f_{n-k}$$

对公式右端在 x_n 处进行泰勒级数展开，再利用待定系数法，即可求出具体表达式。

而在米尔思（Milne）公式中，令 $\beta_{-1} = 0, a_0 = a_1 = a_2 = 0$，即可得到具体形式为

$$y_{n+1} = y_{n-3} + \frac{4h}{3}(2f_n - f_{n-1} + 2f_{n-2})$$

3. 汉明公式

在公式 $y_{n+1} = a_0 y_n + a_1 y_{n-1} + \cdots + a_r y_{n-r} + h(\beta_{-1} f_{n+1} + \beta_0 f_n + \cdots + \beta_r f_{n-r}) = \sum_{k=0}^{r} a_k y_{n-k} + h \sum_{k=-1}^{r} \beta_k f_{n-k}$ 中，取 $\beta_{-1} \neq 0, a_1 = a_3 = 0, \beta_2 = \beta_3 = 0$，即可得到如下汉明（Hamming）公式的表达式

$$y_{n+1} = \frac{1}{8}(9y_n - y_{n-2}) + \frac{3h}{8}(f_{n+1} + 2f_n - f_{n-1})$$

在如下一阶常微分方程组的初值问题中：

$$\begin{cases} y_j' = f_j(x, y_1, y_2, \cdots, y_N)(j = 1, 2, \cdots, N) \\ y_j(x_0) = y_j^0 (j = 1, 2, \cdots, N) \end{cases}$$

可以将 y 和 f 看作向量，那么解其的过程和解 $\begin{cases} y' = f(x,y) \\ y(x_0) = y_0 \end{cases}$ 的过程在本质上是一样的。

6.3 椭圆形偏微分方程的数值解法

6.3.1 椭圆形偏微分方程

椭圆形偏微分方程中不含时间变量，所以无法做到从时域到频域的转换。人们可以将其离散成代数方程组，如果偏微分算子是线性的，那么可以将其离散为矩阵方程 $Au=f$，其中 A 是 $n \times n$ 阶的未知系数矩阵，u 是 n 维向量，n 和 f 都是经过实际测算得出的值。

人们可以把矩阵方程 $Au=f$ 看作一个不透明盲盒，其中 u 经过 A 的作用后得到了 f，而此问题要求人们通过 u 和 f 求出 A，A 是算子中未知函数 $a(x)$ 在某些点上的值，所以可以进行如下变形：

$$Auu^T = fu^T$$

如果 uu^T 非奇异，那么

$$A = fu^T \left(uu^T \right)^{-1}$$

若 uu^T 奇异，则可使用岭回归方法，用 $uu^T + \alpha I$ 代替 uu^T，其中 I 为单位矩阵，α 为一个小的正数。选取适当的 α 使 $uu^T + \alpha I$ 非奇异，最后求解

$$A\alpha = fu^T \left(uu^T + aI^T \right)^{-1}$$

设 $Au = f$，其中

$$A = \begin{pmatrix} 10 & 1 & 0 \\ 0 & 10 & -1 \\ 0 & 1 & 10 \end{pmatrix}, \quad f = \begin{pmatrix} 10 \\ 0 \\ 0 \end{pmatrix}, \quad u = \begin{pmatrix} 1.01 \\ -0.1 \\ 0.01 \end{pmatrix}$$

令 α 的值为 0.01，可以算出

$$\left(\boldsymbol{u}\boldsymbol{u}^{\mathrm{T}}+0.01\boldsymbol{I}\right)^{-1}=\begin{pmatrix} 1.932\,3 & 9.709\,7 & -0.971\,0 \\ 9.709\,7 & 99.038\,7 & 0.096\,1 \\ -0.971\,0 & 0.096\,1 & 99.990\,4 \end{pmatrix}$$

从而可得

$$\boldsymbol{A}\alpha = \boldsymbol{f}\boldsymbol{u}^{\mathrm{T}}\left(\boldsymbol{u}\boldsymbol{u}^{\mathrm{T}}+0.01\boldsymbol{I}\right)^{-1}=\begin{pmatrix} 9.709\,7 & 0.961\,4 & 0.096\,1 \\ 0 & 0 & 0 \\ 0 & 0 & 0 \end{pmatrix}$$

对比 $\boldsymbol{A}\alpha$ 和 $\boldsymbol{A}$，可以发现第一行的值令人满意，但是第二行和第三行的值明显不能使用，这是因为信息太少了，在这个过程中人们相当于使用 $2n$ 个数据来求 $n \times n$ 个数据，结果自然是不够准确的。为解决这一问题，人们在求解时需要尽可能地找出更多的实测数据。

6.3.2 直接解法

令 p 的值等于 n，那么 $\boldsymbol{A} = \boldsymbol{F}\boldsymbol{U}^{-1}$。如果 p 的值大于 n，那么可以在便于计算的原则下从 $\boldsymbol{F}$ 和 $\boldsymbol{U}$ 中挑选出 n 列，此时可以变为 $p=n$ 的情况，从而求解；也可以采用最小二乘法来解矛盾方程组，从而求出 $\boldsymbol{A}$ 的最小二乘解；如果 p 的值小于 n，那么 $\boldsymbol{A}$ 的穆尔－彭罗斯（Moore-Penrose）广义逆矩阵为 $\boldsymbol{U}^* = \left(\boldsymbol{U}^{\mathrm{T}}\boldsymbol{U}\right)^{-1}\boldsymbol{U}^{\mathrm{T}}$，所以 $\boldsymbol{A} = \boldsymbol{F}\boldsymbol{U}^*$，在必要的时候也可以使用岭回归方法，求得 $\boldsymbol{A} = \boldsymbol{F}\left(\boldsymbol{U}^{\mathrm{T}}\boldsymbol{U} + \alpha \boldsymbol{I}\right)^{-1}\boldsymbol{U}^{\mathrm{T}}$。

6.3.3 迭代法

虽然直接解法简单，但精度不高，因此 $p<n$ 时，可以构建一种裂化迭代法求解。

令 $\boldsymbol{A}_{n+1} = \boldsymbol{A}_n + \partial \boldsymbol{A}_n$，$\boldsymbol{U}_{n+1} = \boldsymbol{U}_n + \partial \boldsymbol{U}_n$，$n = 0,1,2,\cdots$，设所有的 $\boldsymbol{A}_n$ 均非奇异，

且 $\|\delta A_n\| < \|A_n\|, \|\delta U_n\| < \|U_n\|$，其中范数是矩阵的行范数，即

$$\|A\| = \max_{1 \leq i \leq n} \sum_{j=1}^{n} |a_{ij}|$$

经过代入后可得

$$A_n U_n = F_n$$

$$\delta A_n U_n = -A_n \delta U_n, n = 0, 1, 2, \cdots$$

将 A_0 当作 A 的猜测，则未知矩阵为

$$A = \lim_{n \to \infty} A_n = A_0 + \sum_{n=0}^{\infty} \delta A_n$$

经过替代后可得

$$\delta A_n U_n = A_n (U_n - U)$$
$$\delta A_n \cdot A_n^{-1} F_n = F_n - A_n U$$

将 F 的广义逆矩阵记作 F^*，则

$$F^* = (F^T F)^{-1} F^T \text{ 或 } F^* = (F^T F + \alpha I)^{-1} F^T$$

所以

$$\delta A_n \cdot A_n^{-1} = FF^* - A_n U F^*$$

所以

$$\delta A_n = (FF^* - A_n U F^*) A_n$$

接下来重复上述步骤，即可求得 $A_1, A_2, \cdots A_n \cdots$。

例如，已知 $A = \begin{pmatrix} 10 & 1 & 0 \\ 1 & 10 & -1 \\ 0 & 1 & 10 \end{pmatrix}, F = \begin{pmatrix} 10 & 0 \\ 0 & 10 \\ 0 & 0 \end{pmatrix}$，则

$$U = A^{-1} F = \begin{pmatrix} 1.01 & -0.10 \\ -0.10 & 1.00 \\ 0.01 & -0.10 \end{pmatrix}$$

使用直接法可求得如下 A 的近似：

$$A_D = F\left(U^T U\right)^{-1} U^T = \begin{pmatrix} 9.2524 & 0.9161 & -0.0916 \\ 0.9252 & 9.2524 & -0.9252 \\ 0 & 0 & 0 \end{pmatrix}$$

和 A 进行比较，可以看出第一、二行正常，但第三行错误，这是因为信息太少了，误差 $\|A - A_D\| = 11$。

若使用迭代法，则取 $A_0 = \begin{pmatrix} 9 & 0 & 0 \\ 0 & 9 & 0 \\ 0 & 0 & 9 \end{pmatrix}$，所以

$$F^* = \left(F^T F\right)^{-1} F^T = \begin{pmatrix} 0.1 & 0 & 0 \\ 0 & 0.1 & 0 \end{pmatrix}$$

$$FF^* = \begin{pmatrix} 1 & 0 & 0 \\ 0 & 1 & 0 \\ 0 & 0 & 0 \end{pmatrix}$$

$$A_0 U F^* = \begin{pmatrix} 0.9090 & -0.0900 & 0 \\ -0.0900 & 0.9000 & 0 \\ 0.0090 & -0.0900 & 0 \end{pmatrix}$$

$$FF^* - A_0 U F^* = \begin{pmatrix} 0.0190 & 0.0900 & 0 \\ 0.0900 & 0.1000 & 0 \\ 0.0090 & 0.0900 & 0 \end{pmatrix}$$

进行迭代后可得

$$A_0 = \begin{pmatrix} 0.8190 & 0.8100 & 0 \\ 0.8100 & 0.9000 & 0 \\ -0.0810 & 0.8100 & 0 \end{pmatrix}, A_1 = \begin{pmatrix} 9.8190 & 0.8100 & 0 \\ 0.8100 & 9.9000 & 0 \\ -0.0810 & 0.8100 & 9.0000 \end{pmatrix}$$

此时 $\|A - A_1\| = 1.29$；再进行一次迭代后可得

$$A_2 = \begin{pmatrix} 9.9938 & 0.9935 & 0 \\ 0.9935 & 10.0931 & 0 \\ -0.0029 & 0.8969 & 9.0000 \end{pmatrix}$$

此时 $\|A - A_2\| = 1.106$。由此可见虽然迭代法更麻烦一些,但是精度更高。

6.4 微分方程隐式欧拉法的收敛性与稳定性

6.4.1 隐式欧拉法的收敛性

(1)线性分段的连续微分函数数值解的收敛性:存在正数 C_1 使得方程

$$\begin{cases} \mathrm{d}x(t) = \big[ax(t) + bx([t])\big]\mathrm{d}t + \big[cx(t) + dx([t])\big]\mathrm{d}B(t), t \geq 0 \\ x(0) = x_0 \end{cases} \quad (6\text{-}2)$$

的连续数值解

$$y(t) = x_0 + \int_0^t [a\hat{z}(s) + bz([s])]\mathrm{d}s + \int_0^t [cz(s) + dz([s])]\mathrm{d}B(s), t \geq 0 \quad (6\text{-}3)$$

满足如下关系:

$$E \sup_{0 \leq t \leq T} |y(t)|^2 \vee E \sup_{0 \leq t \leq T} |x(t)|^2 \leq C_1 \quad (6\text{-}4)$$

证明过程如下:

由式(6-3)可得

$$|y(t)|^2 = \left| x_0 + \int_0^t [a\hat{z}(s) + bz([s])]\mathrm{d}s + \int_0^t [cz(s) + dz([s])]\mathrm{d}B(s) \right|^2$$

$$\leq 3|x_0|^2 + 3\left| \int_0^t [a\hat{z}(s) + bz([s])]\mathrm{d}s \right|^2 + 3\left| \int_0^t (cz(s) + dz([s]))\mathrm{d}B(s) \right|^2$$

根据赫尔德(Holder)不等式可得

$$|y(t)|^2 \leq 3|x_0|^2 + 3\left| \int_0^t [a\hat{z}(s) + bz([s])]\mathrm{d}s \right|^2 + 3\left| \int_0^t [cz(s) + dz([s])]\mathrm{d}B(s) \right|^2$$

$$\leq 3|x_0|^2 + 3T\int_0^t |a\hat{z}(s) + bz([s])|^2 \mathrm{d}s + 3\left| \int_0^t [cz(s) + dz([s])]\mathrm{d}B(s) \right|^2$$

当 $t \in [0,T]$ 时,可以得到

$$E\sup_{0\leqslant t\leqslant t_1}|y(t)|^2 \leqslant 3E|x_0|^2 + 3TE\sup_{0\leqslant t\leqslant t_1}\int_0^t |a\hat{z}(s)+bz([s])|^2 \mathrm{d}s + 3E\sup_{0\leqslant t\leqslant t_1}\left|\int_0^t [c\hat{z}(s)+dz([s])]\mathrm{d}B(s)\right|^2$$

根据杜步(Doob)鞅不等式可以得到

$$E\sup_{0\leqslant t\leqslant t_1}|y(t)|^2 \leqslant 3E|x_0|^2 + 3TE\int_0^{t_1}|a\hat{z}(s)+bz([s])|^2 \mathrm{d}s + 12E\int_0^{t_1}|c\hat{z}(s)+dz([s])^2|\mathrm{d}s$$

$$\leqslant 3E|x_0|^2 + 6TE\int_0^{t_1}\left[a|\hat{z}(s)|^2 + b|z([s])|^2\right]\mathrm{d}s +$$

$$24E\int_0^{t_1}\left[c|\hat{z}(s)|^2 + d|z([s])|^2\right]\mathrm{d}s$$

$$\leqslant 3E|x_0|^2 + \left[6T^2(a+b)+24T(c+d)\right]\int_0^{t_1} E\sup_{0\leqslant u\leqslant s} y(u)\mathrm{d}s$$

根据格朗沃尔(Gronwall)不等式可得

$$E\sup_{0\leqslant t\leqslant T}|y(t)|^2 \leqslant C_1$$

所以

$$E\sup_{0\leqslant t\leqslant t_1}|x(t)|^2 \leqslant C_1$$

其中 $C_1 = 3E|x_0|^2 \exp\{6T^2(a+b)+24T(c+d)\}$。证明结束。

(2)存在正数 C_2 使得下面的式子成立

$$E\sup_{0\leqslant t\leqslant T}|y(t)-z(t)|^2 \leqslant C_2 h$$

其中 $C_2 = C_2(T,L_2)$ 为常数且与 h 无关。

证明过程如下:

当 $t \in [0,T]$ 时,存在两个常数 k 和 l 使得 $t \in [t_{km+l}, t_{km+l+1}]$,则

$$y(t) = y_{km+l} + (ay_{km+l+1}+by_{km})(t-t_{km+l}) + (cy_{km+l}+dy_{km})[B(t)-B(t_{km+l})]$$

所以

$$|y(t)-z(t)|^2 = |y_{km+l} + (ay_{km+l+1}+by_{km})(t-t_{km+l}) +$$

$$(cy_{km+l} + dy_{km})[B(t) - B(t_{km+l})] - y_{km+l}|^2$$

$$\leq |(ay_{km+l+1} + by_{km})(t - t_{km+l}) + (cy_{km+l} + dy_{km})[B(t) - B(t_{km+l})]|^2$$

取期望后可得

$$E|y(t) - z(t)|^2$$

$$\leq 3a^2h^2|y_{km+l+1}|^2 + 3h^2b^2|y_{km}|^2 + 6ch|y_{km+l}|^2 + 6dh|y_{km}|^2$$

$$\leq 3a^2h^2|y_{km+l+1}|^2 + 6ch|y_{km+l}|^2 + (6dh + 3h^2b^2)|y_{km}|^2$$

$$\leq (3a^2h^2 + 6ch + 6dh + 3h^2b^2)C_1$$

所以

$$E\sup_{0\leq t\leq T}|y(t) - z(t)|^2 \leq C_2 h$$

其中

$$C_2 = C_1(3a^2T + 6c + 6d + 3Tb^2)$$

同理可得

$$E\sup_{0\leq t\leq T}|y(t) - \hat{z}(t)|^2 \leq \bar{C}_2 h$$

$$\bar{C}_2 = C_1(3a^2T + 6c + 6d + 3Tb^2)$$

证明结束。

（3）方程（6-2）是均方收敛的，即 $\lim_{h\to 0} E\sup_{0\leq t\leq T}|y(t) - x(t)|^2 = 0$。

证明过程如下：

根据以上推理可得

$$|y(t) - x(t)|^2 = \left|\int_0^t \{[az(s) + bz([s])] - [ax(s) + bx([s])]\}ds + \int_0^t \{[cz(s) + dz([s])] - [cx(s) + dx([s])]\}dB(s)\right|^2 \leq$$

$$2\left|\int_0^t \{(az(s)+bz([s]))-[ax(s)+bx([s])]\}ds\right|^2 +$$

$$2\left|\int_0^t \{[cz(s)+dz([s])]-[cx(s)+dx([s])]\}dB(s)\right|^2$$

根据赫尔德不等式可得

$$|y(t)-x(t)|^2 \leqslant 4T\int_0^t \left[|a\hat{z}(s)-ax(s)|^2+|bz([s])-bx([s])|^2\right]ds + 2\left|\int_0^t \{[cz(s)+dz([s])]-[cx(s)+dx([s])]\}dB(s)\right|^2$$

当 $t \in [0,T]$ 时，可得

$$E\sup_{0\leqslant t \leqslant t_1}|y(t)-x(t)|^2 \leqslant 4TE\sup_{0\leqslant t \leqslant t_1}\int_0^t \{|a\hat{z}(s)-ax(s)|^2+|bz([s])-bx([s])|^2\}ds +$$

$$2E\sup_{0\leqslant t \leqslant t_1}\left|\int_0^t \{[cz(s)+dz([s])]-[cx(s)+dx([s])]\}dB(s)\right|^2 \leqslant$$

$$4TE\int_0^{t_1}\left[a^2|\hat{z}(s)-x(s)|^2+b^2|z([s])-x([s])|^2\right]ds +$$

$$2E\sup_{0\leqslant t \leqslant t_1}\left|\int_0^t \{[cz(s)+dz([s])]-[cx(s)+dx([s])]\}dB(s)\right|^2$$

根据杜步鞅不等式可以得到

$$E\sup_{0\leqslant t \leqslant t_1}|y(t)-x(t)|^2 \leqslant$$

$$4TE\int_0^{t_1}\left[a^2|\hat{z}(s)-x(s)|^2+b^2|z([s])-x([s])|^2\right]ds +$$

$$8E\int_0^{t_1}|[cz(s)+dz([s])]-[cx(s)+dx([s])]|^2 ds \leqslant$$

$$8TE\int_0^{t_1}\left\{a^2\left[|\hat{z}(s)-y(s)|^2+|y(s)-x(s)|^2\right] +$$

$$b^2\left[|z([s])-y([s])|^2+|y([s])-x([s])|^2\right]\right\}ds +$$

$$16L_1E\int_0^{t_1}\left\{c^2\left[|z(s)-y(s)|^2+|y(s)-x(s)|^2\right]+\right.$$

$$d^2\left[|z([s])-y([s])|^2+|y([s])-x([s])|^2\right]\}\mathrm{d}s\leqslant$$

$$8T\left(a^2+b^2\right)\bar{C}_2 h^2+8TE\int_0^{t_1}\left[a^2|y(s)-x(s)|^2+\right.$$

$$b^2|y([s])-x([s])|^2\Big]\mathrm{d}s+16\left(c^2+d^2\right)C_2 h^2+$$

$$16L_1 E\int_0^{t_1}\left[c^2|y(s)-x(s)|^2+d^2|y([s])-x([s])|^2\right]\mathrm{d}s\leqslant$$

$$8T\left(a^2+b^2\right)\bar{C}_2 h^2+16\left(c^2+d^2\right)C_2 h^2+$$

$$\left[8T\left(a^2+b^2\right)+16L_1\left(c^2+d^2\right)\right]\int_0^{t_1}E\sup_{0\leqslant u\leqslant s}|y(u)-x(u)|^2\mathrm{d}s$$

根据格朗沃尔不等式可得

$$E\sup_{0\leqslant t\leqslant t_1}|y(t)-x(t)|^2\leqslant\left[8T\left(a^2+b^2\right)\bar{C}_2 T^2+\right.$$

$$16\left(c^2+d^2\right)C_2 T^2\Big]\exp\left[8T\left(a^2+b^2\right)+16L_1\left(c^2+d^2\right)\right]$$

所以 $\lim_{h\to 0}E\sup_{0\leqslant t\leqslant T}|y(t)-x(t)|^2=0$,证明结束。

6.4.2 偏微分方程隐式欧拉法的稳定性

1. 解析解的稳定性

方程 $\mathrm{d}x(t)=[ax(t)+bx([t])]\mathrm{d}t, x(0)=x_0$ 的解 $x=0$ 为均方稳定的充分条件是 $\dfrac{-a\left(\mathrm{e}^a+1\right)}{\mathrm{e}^a-1}\leqslant b\leqslant -a$。

如果方程（6-2）满足条件 $2a+2b+c+d<0$，则方程①为均方稳定的，即 $\lim_{t\to\infty}E|x(t)|^2=0$。

证明过程如下：

由伊藤（ITo）公式可知，当 t 大于或者等于 0 时，

$$|x(t)|^2 = |x(0)|^2 + \int_0^t [<2x(s), ax(s)+bx([s])> +$$

$$|cx(s)+dx([s])|^2] ds + \int_0^t <2x(s), cx(s)+dx([s])> dB(s)$$

取数学期望可得

$$E|x(t)|^2 \leqslant E|x(0)|^2 + E\int_0^t [<2x(s),$$

$$ax(s)+bx([s])> +|cx(s)+dx([s])|^2] ds \leqslant$$

$$E|x(0)|^2 + E\int_0^t \left[\left(2a|x(s)|^2 + 2b|x([s])|^2\right) + \left(c|x(s)|^2 + d|x([s])|^2\right)\right] ds \leqslant$$

$$E|x(0)|^2 + (2a+c)E\int_0^t |x(s)|^2 ds + (2b+d)E\int_0^t |x([s])|^2 ds$$

令 $Y(t) = E\int_0^t |x(t)|^2 dt$，则 $\dot{Y}(t) \leqslant (2a+c)Y(t) + (2b+d)Y([t])$，所以 $\lim_{t \to \infty} E|x(t)|^2 = \lim_{t \to \infty} E|Y(t)|^2 = 0$，证明结束。

2. 数值解的稳定性

如果方程（6-2）对所有步长 h 对应的数值解都有 $\lim_{n \to \infty} E|y_n|^2 = 0$，那么该方法均方稳定。

如果方程（6-2）满足 $2a + 2b + c + d < 0$，那么对于所有步长 h，方程的隐式欧拉法是均方稳定的，即 $\lim_{k \to \infty} E|y_{km+l}|^2 = 0$。

证明过程如下：

根据上面的推导可得

$$\left|(y_{km+l+1} - ay_{km+l+1}h - by_{km})h\right|^2 = \left|(y_{km+l} + cy_{km+l} + dy_{km})\Delta B_{km+l}\right|^2$$

所以

$$E|y_{km+l+1}|^2 \leqslant E|y_{km+l}|^2 + E|(cy_{km+l} + dy_{km})\Delta B_{km+l}|^2 + 2<y_{km+l+1},$$

$$ay_{km+l+1} > +2E < y_{km+l+1}, by_{km} > h$$

$$E|y_{km+l}|^2 + hE\left(c|y_{km+l}|^2 + d|y_{km}|^2\right) + 2aE|y_{km+l+1}|^2 + hE\left(c|y_{km+l+1}|^2 + d|y_{km}|^2\right) \leq$$

$$(1+hc)|y_{km+l}|^2 + (2a+hc)|y_{km+l+1}|^2 + 2hd|y_{km}|^2)$$

所以当 $1 - 2a - hc > 0$ 时,

$$E|y_{km+l+1}|^2 \leq \frac{1+hc}{1-2a-hc}E|y_{km+l}|^2 + \frac{2hd}{1-2a-hc}E|y_{km}|^2 \leq \sigma_1 E|y_{km+l}|^2 + \sigma_2 E|y_{km}|^2$$

其中

$$\sigma_1 = \frac{1+hc}{1-2a-hc}, \sigma_2 = \frac{2hd}{1-2a-hc}$$

接着递推可得

$$E|y_{km+l+1}|^2 \leq \frac{\sigma_1^{l+1} + \sigma_2\left(\sigma_1^{l+1} - 1\right)}{\sigma_1 - 1} E|y_{km}|^2$$

因为 $2a + 2b + c + d < 0$,所以 $\sigma_1 + \sigma_2 = \frac{1+hc+2hd}{1-2a-hc} < 1$,所以

$$0 < \frac{\sigma_1^{l+1} + \sigma_2\left(\sigma_1^{l+1} - 1\right)}{\sigma_1 - 1} = \frac{(\sigma_1 + \sigma_2 - 1)\left(\sigma_1^{l+1} - 1\right)}{\sigma_1 - 1} + 1 < 1$$

因此对于任意的步长 h,都有 $\lim\limits_{k \to \infty} E|y_{km+l}|^2 = 0$,证明结束。

第7章 线性代数与数值分析在实践中的应用

7.1 线性系统在现代工程与科学计算中的应用

在现代工程与科学计算中,线性代数和数值分析的应用无处不在。这些数学工具为解决复杂的实际问题提供了基础,特别是在处理大规模数据集、模拟物理过程和优化工程设计等方面。

线性代数提供了一套处理向量和矩阵的强大工具,使得科学家和工程师能够描述和解决多变量系统中的问题。在许多科学实验和工程项目中,变量间的关系可以通过线性方程组来模型化,而高效解算这些方程则是达成项目目标的关键。例如,在结构工程学中,设计一个稳定且经济的桥梁结构需要解算成百上千个线性方程,这些方程描述了桥梁各部分在不同负载下的力学行为。此外,电子工程中的电路设计,同样依赖于线性代数来计算电流和电压在电路中的分布。

数值分析在这些问题中的角色则是提供有效的计算方法,以确保解的准确性和计算的效率。数值方法可以处理直接解法不可行或计算代价过高的情况,如处理非常大的矩阵或者方程组的系数存在轻微变化的情况。这些数学工具不仅限于理论研究,还直接影响产品设计、质量控制、系统优化等方面。有效的数值算法使得复杂系统的模拟成为可能,这对于验证科学理论、预测技术效果和优化产品性能至关重要。

7.1.1 数字滤波器系统函数在数字信号处理中的应用

数字滤波器对应的网络结构图实质上是一种信号流图,其在所有相加的节点都被限定为双输入相加。数字滤波器的器件有一迟延一个节拍的运算,这是一种线性算子,其标注符号是 z^{-1}。例如,已知某数字滤波器的结构图如图 7-1 所示。

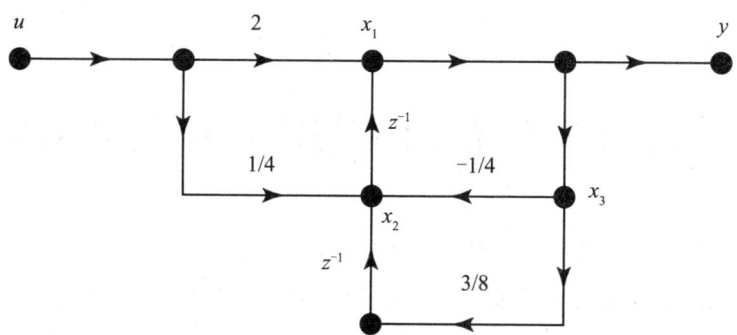

图 7-1 某数字滤波器的结构图

该数字滤波器的输出为 y，输入为 u，取 $q = z^{-1}$，则根据图 7-1 可写出如下关系式：

$$x_1 = qx_2 + 2u$$

$$x_2 = \left(\frac{3}{8}q - \frac{1}{4}\right)x_3 + \frac{1}{4}u$$

$$x_3 = x_1$$

写成矩阵形式为

$$x = \begin{bmatrix} x_1 \\ x_2 \\ x_3 \end{bmatrix} = \begin{bmatrix} 0 & q & 0 \\ 0 & 0 & \left(\frac{3}{8}q - \frac{1}{4}\right) \\ 1 & 0 & 0 \end{bmatrix} \begin{bmatrix} x_1 \\ x_2 \\ x_3 \end{bmatrix} + \begin{bmatrix} 2 \\ \frac{1}{4} \\ 0 \end{bmatrix} u \Rightarrow x = Qx - Pu$$

移项后可得系统函数 W 为

$$W = x/u = \text{inv}(I - Q) * P$$

7.1.2 线性时不变系统在信号与系统课程中的应用

线性时不变（linear time invariant, LTI）系统是信号与系统课程中的核心概念，广泛应用于信号处理、通信、控制系统等领域。

用微分方程描述 n 阶线性不变 LTI 连续系统为

$$a_1\frac{\mathrm{d}^n y}{\mathrm{d}t^n}+a_2\frac{\mathrm{d}^{n-1}y}{\mathrm{d}t^{n-1}}+\cdots+a_n\frac{\mathrm{d}y}{\mathrm{d}t}+a_{n+1}y=b_1\frac{\mathrm{d}^m u}{\mathrm{d}t^m}+\cdots+b_m\frac{\mathrm{d}u}{\mathrm{d}t}+b_{m+1}u,\ n\geqslant m$$

其中 y 和其各阶导数的初始值分别为 $y(0),y'(0),\cdots,y^{(n-1)}(0)$，则求解系统的零输入响应的过程如下：

微分方程的齐次解形式为

$$y(t)=C_1\mathrm{e}^{p_1 t}+C_2\mathrm{e}^{p_2 t}+\cdots+C_n\mathrm{e}^{p_n t}$$

式中：$p_1,p_2,\cdots,p_n$ 是方程 $a_1\lambda^n+a_2\lambda^{n-1}+\cdots+a_n\lambda+a_{n+1}=0$ 的根；$C_1,C_2,\cdots,C_n$ 满足如下条件：

$$\begin{aligned}&C_1+C_2+\cdots+C_n=y_0\\&y_0=y(0)\\&p_1C_1+p_2C_2+\cdots+p_nC_n=Dy_0\\&\vdots\\&p_1^{n-1}C_1+p_2^{n-1}C_2+\cdots+p_n^{n-1}C_n=D^{n-1}y_0\end{aligned}$$

写为矩阵形式为

$$\begin{bmatrix}1&1&\cdots&1\\p_1&p_2&\cdots&p_n\\\vdots&\vdots&\ddots&\vdots\\p_1^{n-1}&p_2^{n-1}&\cdots&p_n^{n-1}\end{bmatrix}\begin{bmatrix}C_1\\C_2\\\vdots\\C_n\end{bmatrix}=\begin{bmatrix}y_0\\Dy_0\\\vdots\\D^{n-1}y_0\end{bmatrix}$$

即

$$\boldsymbol{VC}=\boldsymbol{Y}_0$$

解得

$$\boldsymbol{C}=\boldsymbol{V}^{-1}\boldsymbol{Y}_0$$

式中

$$C = (C_1, C_2, \cdots, C_n)^{\mathrm{T}}$$

$$Y_0 = (y_0, Dy_0, \cdots, D^{n-1}y_0)^{\mathrm{T}}$$

$$V = \begin{bmatrix} 1 & 1 & \cdots & 1 \\ p_1 & p_2 & \cdots & p_n \\ \vdots & \vdots & \ddots & \vdots \\ p_1^{n-1} & p_2^{n-1} & \cdots & p_n^{n-1} \end{bmatrix}$$

7.2 特征值问题在物理工程中的应用

7.2.1 振动理论

振动理论可用于实际工程中的诸多领域，接下来的部分将对自由度振动系统的简单求解过程进行讲解，其过程会涉及矩阵的特征值和特征向量问题。

无阻尼多自由度系统的自由振动方程如下（自由度为 n）：

$$\begin{cases} m_{11}\ddot{x}_1 + m_{12}\ddot{x}_2 + \cdots + m_{1n}\ddot{x}_n + k_{11}x_1 + k_{12}x_2 + \cdots + k_{1n}x_n = 0 \\ m_{21}\ddot{x}_1 + m_{22}\ddot{x}_2 + \cdots + m_{2n}\ddot{x}_n + k_{21}x_1 + k_{22}x_2 + \cdots + k_{2n}x_n = 0 \\ \quad\quad\quad\quad\quad\quad\quad\quad\quad \vdots \\ m_{n1}\ddot{x}_1 + m_{n2}\ddot{x}_2 + \cdots + m_{nn}\ddot{x}_n + k_{n1}x_1 + k_{n2}x_2 + \cdots + k_{nn}x_n = 0 \end{cases} \quad (7\text{-}1)$$

对应的矩阵形式为

$$M\ddot{X} + KX = 0 \quad (7\text{-}2)$$

式中：

$$M = \begin{bmatrix} m_{11} & \cdots & m_{1n} \\ \vdots & \ddots & \vdots \\ m_{n1} & \cdots & m_{nn} \end{bmatrix}, K = \begin{bmatrix} k_{11} & \cdots & k_{1n} \\ \vdots & \ddots & \vdots \\ k_{n1} & \cdots & k_{nn} \end{bmatrix}$$

$$X = (x_1, x_2, \cdots, x_n)^{\mathrm{T}}, \ddot{X} = (\ddot{x}_1, \ddot{x}_2, \cdots, \ddot{x}_n)^{\mathrm{T}}$$

M、K、X、$\ddot{X}$ 分别代表质量矩阵、刚度矩阵、位移矢量、加速度矢量。

将方程（7-1）中的特解设为

$$x = A\sin(\omega t + \varphi) \tag{7-3}$$

将式（7-3）代入方程（7-2）中化简可得

$$\left(K - \omega^2 M\right)A = 0 \tag{7-4}$$

将式（7-4）定义的 n 维广义特征值问题改写为标准特征值问题，即

$$(D - \lambda I)A = 0 \tag{7-5}$$

式中：特征值 $\lambda = \dfrac{1}{\omega^2}$；动力矩阵 $D = K^{-1}M$。所以可得如下系统的特征方程：

$$\left|K - \omega^2 M\right| = 0,\ \left|D - \lambda I\right| = 0$$

7.2.2 特征值问题在物理学中的应用

特征值问题在物理学中占据核心地位，特别是在量子力学、固体物理学等领域。这些问题通常涉及解析系统的稳定性、谐振特性和能量分布等关键属性。

量子力学是研究物质的微观性质的基础科学，其中薛定谔（Schrödinger）方程是描述量子系统状态的基本方程。在量子力学中，特征值问题用于求解薛定谔方程，特别是在判断原子和分子的能级、电子的行为，以及其他量子效应时。在原子物理学中，通过解析氢原子或其他简单原子的薛定谔方程，可以得到电子的能量状态。这些能量状态对应于薛定谔方程的特征值，而相应的波函数（特征向量）描述了电子在各能级上的空间分布。这些信息对于理解化学键、光谱分析和原子间的相互作用至关重要。在更复杂的量子系统中，如量子点和量子计算装置，特征值问题同样发挥着核心作用。例如，在研究量子隧穿现象时，特征值分析可以帮助人们理解粒子穿过势垒的概率，这对设计半导体设备和量子芯片非常重要。此外，量子纠缠态的产生和操控，也依赖于精确的特征值和特征向量计算。

固体物理学是研究固态材料物理性质的科学，其中晶体的能带理论是理解电子性质的关键理论。在固体物理学中，晶体的电子能带结构通过求解布洛赫（Bloch）函数的特征值问题来计算。这些能带结构揭示了材料如半导体、绝缘体和金属的导电性。特征值分析不仅能确定带隙大小，也能帮助科学家设计新材料，如高效太阳能电池和光电器件。声子是晶格振动的量子化描述，对材料的热导性和机械性能有重要影响。通过求解晶格动力学方程的特征值问题，科学家可以计算声子谱，进而预测材料在不同温度下的热扩散和声学性能。

这些应用实例显示，特征值问题在物理学的各个领域中扮演着至关重要的角色，从基础研究到高科技产品的开发，特征值分析都是一个不可或缺的工具。

7.3 插值与数值逼近在数据分析与计算机图形学中的应用

7.3.1 插值法的基础

在数据分析与计算机图形学中，插值与数值逼近是实现精确数据表达和图形渲染的关键技术。这些方法的目的是利用已知的数据点来预测未知数据点的值，从而创造出平滑的数据模型或图形表面。

插值法是一种数学处理技术，用于在已知数据点之间估算未知数据点的值。常见的插值法包括线性插值、多项式插值和样条插值等。这些方法各有优势和适用场景，它们的选择依赖于数据的特性和所需的精度。线性插值是较简单的插值法，通过连接相邻数据点的直线段来估计中间点的值。其优势在于计算简单快速，但在数据波动较大时可能无法很好地反映真实的变化趋势。多项式插值是指通过一个多项式函数连接所有数据点，确保该多项式函数在每个数据点处的值与给定值相同。尽管多项式插值可以提供非常平滑的曲线，但它也可能在数据点稀疏的区域产生不真实的波动，即所谓的龙格现象。样条插值则通过分段多项式函数进行插值，每段使用一个低阶多项式，通常是三次多项式。样条插值可以避免高阶多项式插值的问题，提供更好的稳定性和平滑度。

在数据分析中，插值法广泛应用于缺失数据填补、信号处理和功能模拟等领域。例如，当一个数据集中缺失某些观测值时，可以使用插值技术估计这些缺失点的最可能值，从而将其代入完整数据集以进行更深入的分析。在计算机图形学中，插值是渲染过程中不可或缺的一部分。在三维图形渲染中，顶点着色器计算的结果需要在顶点之间进行插值，以生成每个像素点的确切颜色和属性。这不仅适用于基础的图像渲染，还包括复杂的纹理映射和光影处理，使得生成的图像更加真实和详细。

7.3.2 多项式插值的应用

多项式插值是数据分析和计算机图形学中一个极为重要的数值逼近方法。它通过构建一个经过所有已知数据点的单一多项式函数，来预测未知数据点的值。多项式插值的基本思想是找到一个最高阶数不超过 $n+1$（其中 n 是已知数据点的数量）的多项式，使得这个多项式在每个数据点上的值与已知值完全匹配。这种方法的数学表达式是通过拉格朗日插值公式或者牛顿插值公式来实现的。

（1）拉格朗日插值公式如下：

$$L(x) = \sum_{i=0}^{k} y_i \prod_{j=0, i \neq j}^{k} \frac{x - x_j}{x_i - x_j}$$

这种形式的插值不需要求解方程组，直接通过已知数据点构造多项式。其优点是形式简单，易于编程实现；缺点是当数据点数量增多时，计算量剧增，且对数据点的小幅改动非常敏感。

（2）牛顿插值公式如下：

$$N_n(x) = a_0 + a_1(x - x_0) + a_2(x - x_0)(x - x_1) + \cdots + a_n(x - x_0)(x - x_1)\cdots(x - x_{n-1})$$

牛顿插值利用差商表递归计算多项式的系数，比拉格朗日插值在数据处理上更为灵活和高效，特别是当需要添加新的数据点时。

在数据分析中，多项式插值被广泛应用于经济学、生物统计学、气象学等领域。例如，在气象数据分析中，通过多项式插值可以在已知的温度观测点之间估算未记录的温度，从而得到更为连续和完整的温度变化趋势图。此外，多项式插值也常用于图像处理中，如在医学成像技术中重建图像，通过插值算法填充图像中的缺失或损坏的像素，提高图像的质量和可用性。

7.3.3 样条插值的应用和优势

样条插值是一种强大的数值逼近方法，特别适合于需要高度平滑曲线的应用场合，如计算机图形、工程设计和科学数据可视化。样条插值通常涉及使用分段低阶多项式，它们在每个分段内部保持平滑性和连续性，而在端点处满足一定的导数连续条件。常用的是三次样条插值，它使用三次多项式来逼近每个数据段，不仅函数在数据点处连续，一阶和二阶导数也连续，从而保证了整体曲线的平滑度。

在计算机图形学中，样条曲线用于生成平滑的曲面和动画路径。例如，在三维动画制作中常用贝塞尔（Beier）曲线或 B 样条曲线来定义动画对象的运动轨迹和复杂形状的建模。这些曲线易于通过控制点调整形状，使得艺术家和设计师可以精确控制动画和模型的视觉表现。在工程领域中，样条插值被广泛应用于车辆和船舶的体型设计中。通过样条曲线，设计师可以创建出流线型的车体和船体，这些设计既满足美学需求，也符合功能性和动力学效率的要求。样条插值技术使得从初步设计到最终产品的转变过程更加高效和精确。在气象学、地理信息系统（geographic information system, GIS）和生物统计学等科学领域中，样条插值是一种重要的工具，用于从散点数据中生成平滑的曲线或曲面。这有助于科学家理解数据的趋势和模式，并为研究提供直观的图形表示。

1. 样条插值在数据分析中的应用

样条插值在数据分析中的应用非常广泛，它可以帮助分析师和科学家处理和解释散布的数据点，提取趋势，并进行预测。时间序列数据是数据分析中常见的一种数据类型，涉及经济学、金融学、环境科学、气象学等多个领域。在处理时间序列数据时，样条插值尤其有用，因为它可以平滑处理数据中的噪声，揭示底层趋势。例如，使用样条插值来平滑股票市场的价格数据，可以帮助分析师去除日常交易波动的干扰，更清晰地看到价格的长期走势。此外，样条插值也常用于填补时间序列数据中的缺失值，这对于确保数据的完整性和准确预测至关重要。在环境科学中，样条插值常用于从有限的样本点模拟整个地区的环境条件，如温度、湿度和污染物浓度。通过建立样条模型，科学家能够在空间上连续地描绘环境条件，这对于制定环境保护措施和公共政策具有重要意义。例如，在研究气候变化的影响时，样条插值可以帮助科学家从散点测量数据中生成完整的温度和降水图，从而更好地理解气候模式和变化趋势。

在医疗和公共健康研究中，样条插值常用于分析随时间变化的健康指标，如患者的心率、血压记录。通过应用样条插值，研究人员可以平滑这些数据，分析健康指标随时间的变化趋势，以及可能的健康风险因素。这种方法也常用于优化医疗图像处理，如将磁共振成像（magnetic resonance imaging, MRI）或计算机体层成像（computed tomography, CT）扫描的离散层面数据插值成连续的三维图像，以提高诊断的准确性和效率。样条插值在经济学和社会科学研究中也有广泛应用，尤其是在分析人口统计数据、经济增长模型、市场研究调查结果时。样条插值技术可以帮助研究人员从不完整或不规则采样的数据中提取平滑的趋势线，这对于预测经济变动、规划社会政策、评估市场潜力等具有重要意义。

2. 样条插值在计算机图形学中的应用

样条插值技术在计算机图形学中的应用也广泛而深入，特别是在三维建模和动画制作中，样条曲线和曲面为创建复杂和高度逼真的图像提供了必要的工具。

在三维建模中，样条曲线（特别是贝塞尔曲线和B样条曲线）是创建平滑、连续曲面的基础。这些曲线不仅可以用于定义物体的外形，还可以控制曲面的精细度和细节层次。例如，在汽车或航空器设计中经常使用这些曲线来生成流线型的车体或机翼表面。在这些应用中，样条插值允许设计师通过调整控制点的位置，快速修改设计而不必重新绘制整个图形，这极大地提高了设计的灵活性和迭代速度。

在动画制作中，样条插值被用来生成平滑的动画路径。动画师常利用贝塞尔样条或B样条来定义角色或物体的移动轨迹，以确保动作的自然流畅。此外，通过调整样条的控制点，可以轻松修改动画的速度和时间线，使动画更加生动和符合故事情节的需要。

在纹理映射和图像处理领域，样条插值也扮演着重要角色。例如，当需要在不同分辨率间转换图像时，样条插值可以用来平滑插值图像像素，可以避免因缩放而产生的锯齿现象和像素化效果。此外，样条插值技术在医学成像中也非常重要，用于从有限的样本点中重建出完整的三维体数据，以提供更精确的医学诊断信息。在用户界面设计中，样条插值常用于生成复杂的图标和用户界面元素，如按钮、滑块和其他控制组件。通过样条曲线，设计师可以创建出既美观又具有现代感的界面元素，这些元素在视觉上平滑且易于用户交互。样条插值在计算机图形学中不仅提高了视觉表现的质量，还优化了制作过程，使得创建复杂图形成为可能。

3. *样条插值的应用与未来展望*

样条插值作为一种强大的数值逼近工具，在数据分析和计算机图形学中已经显示出其广泛的适用性和重要性。样条插值技术为多个领域提供了解决复杂数据处理问题的有效方案。在计算机图形学中，它用于创建平滑连续的图形界面和动画，使得视觉表现更加自然和吸引人。在数据分析中，样条插值可以帮助科学家和分析师揭示数据的深层结构，预测未来趋势，并填补数据空缺。这些应用展示了样条插值在提高数据可视化质量和精确性方面的关键作用。

科技在发展，人们对数据科学的需求也在不断增加，同时样条插值技术在不断进化。样条插值技术未来的发展可能集中在以下几方面：

（1）算法优化：随着数据量的增大和计算需求的提高，优化样条插值算法以提高其效率和准确性将是研究的重点。这包括开发更高效的算法来处理大规模数据集，以及改进算法以减少计算资源消耗。

（2）多维数据处理：当前的样条插值技术主要应用于一维和二维数据，随着多维数据（包括三维数据）应用的增加，如何有效地在多维空间进行样条插值将成为一个研究热点。这将促进其在更广泛的科学和工程问题中的应用，如多维空间的医学成像和复杂系统的建模。

（3）与机器学习相结合：随着人工智能技术的发展，样条插值与机器学习模型的结合将开拓新的应用领域。例如，利用样条插值技术改进机器学习模型的训练过程；在深度学习中使用样条函数作为激活函数，以增强模型的学习能力和泛化能力。

（4）实时数据处理：在需要实时数据处理的应用中，如自动驾驶车辆和实时监控系统，如何快速有效地应用样条插值处理连续数据流将是另一个挑战。这要求样条插值不仅要保证高精度，还要满足高速的实时处理需求。

样条插值作为一种成熟且高效的数值逼近方法，已经在许多领域证明了其价值。未来，随着技术的进一步发展和应用领域的拓展，样条插值有望在数据分析和计算机图形学中发挥更大的作用。保持持续的研究和创新，样条插值将继续优化数据处理方法，提升视觉表现的质量，为科学研究和工业应用带来更多的可能性。

4. 样条差值的优势

相比于高阶多项式插值，样条插值的主要优势如下。

（1）避免龙格现象：由于使用的是分段低阶多项式，样条插值不会在数据点之间产生极端的振荡现象，这是高阶多项式插值常见的问题。

（2）更好控制和更灵活：通过调整样条的类型和控制点，用户可以精确控制曲线的形状，满足特定的设计需求。

（3）计算效率较高：虽然样条插值的计算复杂度高于线性插值的，但通常低于高阶多项式插值的，尤其是在需要频繁调整和实时渲染的应用场合。

样条插值通过其优越的平滑性和灵活性，在许多需要精确和美观曲线的领域中成为首选技术。

7.4 数值积分与数值微分在环境科学与金融工程中的应用

7.4.1 数值积分与数值微分在环境科学中的应用

数值积分与数值微分是数值分析中的基本工具，广泛应用于各种科学与工程问题中，尤其是在环境科学领域。这些技术在模拟环境系统、评估污染扩散、研究气候变化，以及管理资源中扮演着关键角色。下面将详细探讨数值积分与数值微分在环境科学中的具体应用，并说明这些方法如何帮助科学家和工程师更好地理解和管理自然环境。

环境系统的动态模拟涉及复杂的微分方程，这些方程描述了水质、大气质量、生物群落的动态变化等因素。数值积分和数值微分提供了解决这些方程问题的数学方法，尤其是在解析解无法获得或难以获得的情况下。例如，通过数值积分技术，可以模拟河流中污染物的浓度变化，预测其对下游水质的影响。这种模拟对于制定污染控制策略和环境保护政策具有直接的实用价值。在气候科学中，数值积分和数值微分是构建和求解气候模型不可或缺的工具。这些模型通常包括大量的方程组，它们用于描述大气、海洋和陆地生态系统之间的相互作用。数值方法允许科学家通过模拟不同温室气体排放情景来预测全球温度和海平面的变化，这对于理解全球变暖的影响和制定应对策略至关重要。数值积分在环境工程中还被用来模拟和评估污染扩散。例如，在城市空气质量管理中，利用数值积分可以计算特定污染源如工厂排放和汽车尾气对空气质量的贡献。这些信息可以帮助政府和企业评估现有污染控制措施的效果，同时优化污染减排策略。

在水资源管理方面，数值积分和数值微分技术可以用于模拟水库、湖泊和地下水的水量变化，这对于制定有效的水资源利用和保护策略非常重要。通过数值模拟，可以预测在不同的气候和人类活动情景下水资源的供需变化，从而帮助决策者进行更有预见性的规划。数值积分与数值微分在环境科学中的广泛应用不仅增强了人们对环境问题的理解，还提高了人们管理和保护自然资源的能力。

7.4.2 数值积分与数值微分在金融工程中的应用

金融工程是应用数学、统计学和计算技术解决金融市场中的复杂问题的学科。在这个领域中，数值积分与数值微分扮演着至关重要的角色，尤其是在衍生品定价、风险管理以及投资组合优化中。

在金融工程中，衍生品定价是一个核心问题，涉及期权、期货、掉期等金融工具。这些工具的价值通常依赖于一个或多个基础资产的价格，而这些价格的变动可以用随机微分方程来模型化。数值积分和数值微分在此过程中非常关键，因为它们允许对这些复杂方程进行求解。特别是在使用布莱克－斯科尔斯（Black-Scholes）期权定价模型和蒙特卡罗模拟时。风险管理是金融工程的一个关键应用领域，数值积分是计算期权预期收益和风险指标的基础。尤其是在计算信用风险和市场风险指标时。数值方法如蒙特卡罗模拟和有限差分法被用来评估金融资产组合的价值在未来情景下的分布。这些计算通常涉及复杂的积分和微分操作，用以模拟不同市场条件下的资产价格变化及其对整个投资组合的影响。

例如，某公司的业务分为煤炭业、电力业和钢铁业，这三方面业务的每单位输出的消耗分配与销售收入如表 7-1 所示。

表 7-1 煤炭业、电力业、钢铁业的每单位输出的消耗分配与销售收入

部门	每单位输出的消耗分配			销售价格（收入）p
	煤炭业	电力业	钢铁业	
煤炭业	0.0	0.4	0.6	p_c
电力业	0.6	0.1	0.2	p_e
钢铁业	0.4	0.5	0.2	p_s

已知电力业的输出为 100 单位，其中 40 单位被煤炭业消耗，10 单位被自己消耗，50 单位被钢铁业消耗，则各行业所付出的费用为

$$p_e \cdot v_e = p_e \cdot \begin{bmatrix} 0.4 \\ 0.1 \\ 0.5 \end{bmatrix}$$

各部门消耗的成本为

$$p_c v_c + p_e v_e + p_s v_s = [v_c, v_e, v_s] \begin{bmatrix} p_c \\ p_e \\ p_s \end{bmatrix} = 销售收入 = \begin{bmatrix} p_c \\ p_e \\ p_s \end{bmatrix}$$

令

$$V = [v_c, v_e, v_s] = \begin{bmatrix} 0.0 & 0.4 & 0.6 \\ 0.6 & 0.1 & 0.2 \\ 0.4 & 0.5 & 0.2 \end{bmatrix}, p = \begin{bmatrix} p_c \\ p_e \\ p_s \end{bmatrix}$$

所以总的价格平衡方程可写为

$$p - Vp = 0$$

$$(I - V)p = 0$$

此等式右端的常数项为零，是一个齐次方程组。它有非零解的条件是系数行列式等于零，可以用行阶梯简化来求解。

计算后可得

$$U_0 = \begin{bmatrix} 1.000\,0 & 0 & -0.939\,4 & 0 \\ 0 & 1.000\,0 & -0.848\,5 & 0 \\ 0 & 0 & 0 & 0 \end{bmatrix}$$

所以有

$$\begin{cases} p_c - 0.939\,4 \cdot p_s = 0 \\ p_e - 0.848\,5 \cdot p_s = 0 \end{cases} \Rightarrow \begin{cases} p_c = 0.939\,4 \cdot p_s \\ p_e = 0.848\,5 \cdot p_s \end{cases}$$

第8章 前沿应用与案例研究

8.1 高性能计算在线性代数与数值分析中的应用

8.1.1 高性能计算在线性代数与数值分析中的应用介绍

高性能计算（high performance computing, HPC）是科学研究和工程设计中的一个强大工具，特别是在处理需要大量计算资源的复杂数学问题时。在线性代数与数值分析领域，HPC 的应用使得人们可以解决以前因计算能力限制而难以攻克的难题，从而推动了多个科学和工程领域的发展。

在线性代数中，许多问题如大规模系统的方程求解、矩阵特征值计算等，都可以通过 HPC 平台得到高效处理。例如，在物理学、工程学和经济学领域，求解成千上万甚至百万级别的方程是常有的需求，这些大规模计算任务在传统计算资源下耗时巨大，但在 HPC 环境下，通过并行计算技术，计算速度可以显著加快，问题处理的效率也可以显著提高。HPC 平台通常采用多核处理器和图形处理单元（graphics processing unit, GPU）来并行处理数据，这样可以大幅度减少求解线性方程组的时间。通过分布式内存计算和多线程技术，复杂的线性系统可以被迅速分解和计算。

在处理涉及大矩阵（如稀疏矩阵）的运算时，HPC 环境能提供必要的计算力来执行矩阵乘法、分解等操作。这在图像处理、信号处理以及大数据分析等领域尤为重要。数值分析方法如数值积分、微分方程求解等，在 HPC 的支持下也能实现高效率执行。尤其是在模拟复杂物理现象（如气候模型、流体动力学模型等）时，这些密集型计算任务的处理速度直接关系到研究的进展速度和模型的精确度。通过并行算法，可以同时计算积分的多个部分，然后将结果汇总，这样大幅缩短了总的计算时间。这对于处理涉及大量数据的科学实验有重要价值。在生物学、化学和物理学的模型中，常常需要求解大量的偏微分方程。HPC 使得这些方程的求解可以在更短的时间内完成，使得模型可以更加精确地描述复杂系统。

8.1.2 高性能计算在物理学和工程学中的应用

HPC 已成为物理学和工程学研究中不可或缺的工具,尤其是在需要处理大量计算和复杂模拟问题的情况下。在这些领域,HPC 不仅加快了科学发现的速度,也提高了设计和测试新技术的效率。

在宇宙学研究中,HPC 用于模拟宇宙的形成和演化。这包括模拟大爆炸后宇宙初期物质的分布、星系的形成,以及暗物质和暗能量的影响。这些模拟通常涉及庞大的数据集和复杂的计算,只有利用 HPC 资源才能在合理的时间内完成。在粒子物理学领域,如大型强子对撞机(large hadron collider,LHC)等实验,需要处理海量的实验数据。HPC 用于分析这些数据,帮助物理学家筛选和识别新粒子的迹象,如希格斯(Higgs)玻色子的发现。此外,HPC 还用于模拟粒子碰撞事件,预测可能的物理过程和结果。在航空航天工程中,HPC 用于模拟飞行器在不同飞行条件下的性能,包括空气动力学模拟和结构强度分析。这些模拟可以帮助工程师优化设计,提高飞行器的性能。例如,通过模拟可以优化飞行器的外形,减少燃油消耗和提高稳定性。在大型结构设计中,如桥梁、高楼和大坝等,HPC 用于复杂的结构分析。这包括对建筑物在自然灾害如地震、飓风中的表现进行模拟,以确保其结构的安全性和稳定性。通过并行计算,可以在设计阶段就评估出设计的优劣,避免实际建造后的风险和损失。

HPC 在物理学和工程学中具有强大作用。它不仅加快了研究进程,也在实际应用中节省了大量的时间和成本,使先进的科学研究和复杂的工程问题变得可行。HPC 的应用已经从单一的科学计算扩展到大规模的工业应用中,成为现代科技发展中不可或缺的一部分。

8.1.3 高性能计算在生命科学和地球科学中的应用

随着科学技术的进步,HPC 已经成为生命科学和地球科学研究中不可或缺的工具。在这些领域,HPC 不仅加速了数据处理和复杂模型的运算,还使得前所未有的大规模模拟和分析成为可能。

在基因组学和蛋白质组学研究中，HPC是分析大规模基因序列和蛋白质结构数据的关键工具。运用HPC，科学家能够处理上百万的基因数据，进行基因序列比对、遗传变异分析和蛋白质折叠模拟。这些分析对于理解生物复杂性、疾病机理，以及开发新药具有重要意义。HPC在生物信息学中的应用包括但不限于疾病模型的构建、复杂生物网络的分析和生态系统的模拟。这些HPC使得生物学家能够在更大的数据集上应用更复杂的算法，从而揭示生物系统的深层次机制。在气候科学和气象学中，HPC用于执行复杂的气候模型和天气预测模型。这些模型通常需要处理来自全球的庞大气象数据，并模拟大气、海洋及其相互作用的动态过程。HPC使得模型可以在更高的分辨率下运行，提高了预测的准确性和及时性，对于气候变化的应对和自然灾害的预警具有重要作用。HPC在地球科学中的一个应用是模拟和分析地球内部的物理过程，如地震波传播分析和地壳移动模拟。这些信息对于理解地球动力学、预测地震和火山活动非常关键。

在生命科学和地球科学中，HPC已经成为新发现的催化剂。它不仅提高了研究的效率和精度，也拓宽了科学探索的边界。科学家通过使用HPC，可以在虚拟环境中测试数千种药物的相互作用，这加速了新药的开发。同样地，在地球科学领域，HPC的应用为预测天气变化和灾害发生提供了可能，极大地增强了防灾减灾的能力。

8.1.4 高性能计算在化学和材料科学中的应用

在化学和材料科学领域，HPC为科学家提供了强大的工具来模拟和预测化学反应和材料性能。通过使用HPC，研究人员能够在原子和分子层面上探索复杂的化学过程和材料行为，这些过程和行为在实验室条件下往往难以观测或需要巨大的成本和时间才能实现。

HPC使得化学家能够进行复杂的分子动力学模拟，这些模拟可以精确地追踪和分析数千到数百万个原子在化学反应过程中的运动。研究人员不仅能够揭示反应机制，还能预测新化合物的性质，这为药物设计和新材料的开发提供了理论基础。量子化学计算是化学研究中一个计算密集的领域，它依赖于 HPC 来解决哈密顿（Hamilton）量、波函数和能级等问题。这些计算对于理解化学键的形成、电子结构和光谱特性至关重要。HPC 资源使得科学家能够执行更为复杂的量子化学计算，推动了从基础研究到应用开发的各个阶段。

在材料科学中，HPC 用于预测新材料的性能，包括超导材料、纳米材料和生物兼容材料等。通过计算不同材料配置下的电子结构和原子排列，科学家可以预测材料的机械性能、热学性能和电学性能。这些信息对于优化材料的制造工艺至关重要。HPC 还被用来模拟和分析材料在长期使用过程中的退化现象。例如，在航空航天和核能领域，了解材料在极端条件下的行为是确保安全运行的关键。通过 HPC 模拟，可以预测材料在高温、高压和辐射环境下的性能变化，从而指导工程师选择合适的材料和设计安全的结构。

HPC 在化学和材料科学中具有强大作用。它不仅加速了研究进程，还提高了实验设计和理论模拟的精确度，使得科学家能够在更短的时间内达到更深入的科学理解。随着计算技术的不断进步，预计 HPC 将解锁更多的科学问题。

8.1.5 高性能计算的综合应用与未来展望

HPC 已成为推动科学研究、工程设计和数据分析的关键技术，其在各学科领域的应用已深刻改变了人们解决复杂问题的方式。HPC 使得科学家能够处理前所未有的大规模和高复杂度的数据，从而加速新发现的过程。例如，宇宙学、粒子物理学和基因组学等领域的重大发现，在很大程度上依赖于 HPC 的支持。在工程和技术领域，HPC 的应用推动了新材料、新设备和新技术的开发。通过模拟和预测技术性能，HPC 可以帮助工程师在实际生产前进行设计优化和测试，这大幅度减少了研发成本和缩短了研发周期。在经济、环境科学和公共健康领域，HPC 提供的数据分析和模型预测能力使政策制定者能够在更全面的数据支持下做出决策，从而提高决策的科学性和有效性。

随着云计算和人工智能技术的快速发展,未来的HPC将更多地与这些技术融合,以提供更为灵活和强大的计算服务。例如,通过云基础设施提供HPC资源,可以让更多的用户以更低的成本利用HPC能力。随着计算硬件的发展,未来HPC的研究将更多聚焦于算法的优化和软件工具的开发。高效的算法和易用的软件是发挥HPC能力的关键,尤其是在处理大数据和复杂模型时。HPC将在更多跨学科领域发挥作用,特别是在生命科学、环境科学与社会科学的交叉领域。这种跨学科的融合将帮助人们解决如气候变化、全球健康等全人类共同面临的复杂问题。

HPC的能源消耗和碳排放是重大的环境挑战。未来,如何提高能效和使用可再生能源是HPC发展必须考虑的问题。随着数据规模的扩大,如何有效管理这些数据,以及如何处理与数据相关的隐私和安全问题,都是HPC未来发展中的关键挑战。因为HPC的复杂性和专业性要求相关用户具有较高的技术背景。因此,教育和培训对于HPC技术的普及和有效利用至关重要。HPC作为现代科学研究和工程实践的重要支柱,将继续在全球科技发展和社会进步中发挥核心作用。HPC的技术创新和跨学科应用,将帮助人类更好地理解世界并解决复杂问题。

8.2 机器学习与人工智能中的数值方法

8.2.1 机器学习与人工智能中的数值方法应用介绍

机器学习与人工智能已经成为现代科技革命的核心,而数值方法为这些领域提供了解决复杂计算问题的关键技术支持。在这些技术中,线性代数和数值分析尤为重要,它们支持从数据处理到算法优化的各个环节。

线性代数是构建和理解大多数机器学习算法的基础,尤其是在处理大规模数据集时。矩阵运算、特征分解和奇异值分解等技术是实现高效数据处理和特征提取的基本工具。例如,主成分分析和线性判别分析等方法依赖于这些数值技术来降维和提升数据可视化的质量。在机器学习模型的训练过程中,优化算法如梯度下降法、共轭梯度法等用于最小化或最大化目标函数,这些都涉及复杂的数值计算。数值方法在此过程中确保了计算的准确性和效率,使模型能够在合理的时间内收敛到最优解。深度学习作为人工智能领域的一个重要分支,其成功依赖于能够处理和学习大规模数据集的能力。数值分析在这一过程中发挥着不可或缺的作用:在神经网络中,前向传播用于计算输出值,而反向传播则用于更新网络中的权重,以最小化误差。这两个过程都涉及大量的矩阵运算,包括矩阵乘法和向量加法,数值方法保证了这些计算的高效性和准确性。激活函数如 ReLU、sigmoid 和 tanh 在深度学习模型中非常重要,它们可以帮助模型引入非线性特性。数值方法在实现这些激活函数时需要确保计算的稳定性,避免如梯度消失或爆炸等问题。

数值方法在机器学习和人工智能中,不仅提高了算法的执行效率,还确保了计算过程的稳定性和准确性,是现代人工智能技术不可或缺的支撑。

8.2.2 数值方法在监督学习和无监督学习中的应用

监督学习和无监督学习是机器学习中的两大核心技术,它们在处理和分析数据时各有侧重。数值方法在这些学习技术中扮演着至关重要的角色,可以帮助优化学习过程并提升模型性能。

监督学习的核心在于利用带标签的训练数据来训练模型,以便模型能够对新的数据做出准确预测。在这一过程中,数值方法主要应用于以下几方面。

(1)损失函数优化:监督学习模型的训练过程通常涉及最小化损失函数,如均方误差或交叉熵损失。梯度下降法及其变体是进行此类优化的常用数值方法。这些优化算法需要精确计算损失函数对模型参数的梯度,然后按此梯度调整参数,以逐步改善模型性能。

(2)正则化技术:正则化技术是改善机器学习模型泛化能力的一种技术,如 L1 正则化和 L2 正则化。这些技术通过在损失函数中添加一个正则化项来惩罚模型复杂度，防止过拟合。数值方法在计算正则化项及其梯度时确保了计算的精确性和效率。

（3）超参数优化：超参数优化是监督学习中一个重要的环节，包括学习率、批处理大小和网络层数等参数的选择。数值优化方法如网格搜索、随机搜索和贝叶斯（Bayes）优化等，都是解决这一问题的有效工具，它们通过系统地调整和计算不同超参数配置下的模型性能指标来找到最优设置。

无监督学习的目标是发现未标记数据中的隐藏模式或数据结构。在这一领域中，数值方法的应用包括但不限于聚类算法、降维技术和关联规则学习。聚类算法是无监督学习中的一种常见算法，旨在将数据点分为若干个簇，使得同一簇内的点相似度高，而不同簇间的点相似度低。k均值聚类和层次聚类算法中的距离计算、簇中心更新等步骤都依赖于精确的数值计算方法。在处理高维数据时，降维技术如主成分分析和t分布随机邻域嵌入可以帮助简化数据，便于分析和可视化。这些技术通过数值方法来获得数据的新表示，保留重要的信息，同时去除噪声和冗余。关联规则学习用于发现大型数据库中变量间的有趣关系。这涉及计算项目集的支持度和置信度，数值方法在此过程中可以确保计算的准确性和高效性。

数值方法在监督学习和无监督学习中不仅提高了学习算法的效率和准确性，还拓宽了机器学习在各领域的应用范围。

8.2.3 数值方法在自然语言处理和计算机视觉中的应用

自然语言处理和计算机视觉是人工智能中两个非常活跃的领域，它们在许多现代技术中都有广泛的应用，如语音识别、机器翻译、图像识别和自动驾驶。在这些领域中，数值方法提供了强大的支持，帮助人们解决了一系列复杂的计算问题。

数值方法在自然语言处理中的应用包括词嵌入和语义分析、句法解析和实体识别。词嵌入技术如Word2Vec和GloVe通过将单词转换为向量，使得计算机能够理解和处理自然语言。这些模型的训练涉及大量的线性代数运算，特别是矩阵运算，用于捕捉词汇间的语义关系。数值方法在此过程中确保了高效的数据处理和精确的结果输出。在句法解析和实体识别任务中，算法需要处理复杂的数据结构，如解析树。数值优化方法在这些任务中用于最大化模型的预测准确性，包括但不限于动态规划和图算法，这些都依赖于精确的数值计算。

数值方法在计算机视觉中的应用包括图像分类和对象识别、图像分割。在计算机视觉中，图像分类和对象识别是基础任务，需要处理和分析大量的像素数据。卷积神经网络是这些任务中常用的模型，它通过卷积层来提取图像特征，每个卷积层的运算可以看作特殊的矩阵运算。数值方法在此过程中用于优化数据处理流程和提升计算速度。图像分割任务要求模型将图像中的每个像素分类到相应的对象类别。这通常涉及复杂的像素级运算和大规模的优化问题。数值方法，特别是在图像重建和特征优化方面的技术，如图割和能量最小化，都是解决这些问题的关键工具。

数值方法在自然语言处理和计算机视觉中不仅提高了处理效率和算法性能，还使得这些复杂的任务变得可行，如通过深度学习模型处理和理解自然语言和视觉信息。随着技术的进步，数值方法在这些领域的应用将进一步深化，以帮助人们开发出更智能、更高效的人工智能系统。

8.2.4 数值方法在增强现实和虚拟现实中的应用

增强现实（augmented reality，AR）技术和虚拟现实（virtual reality，VR）技术正在迅速发展，这些技术通过创建沉浸式体验改变了人们与数字内容的交互方式。在这些技术的发展中，数值方法发挥了至关重要的作用，特别是在实现复杂的图像处理、三维建模和交互模拟等方面。

数值方法在 AR 中的应用包括实时图像处理、物体跟踪与空间定位。在 AR 应用中，实时图像处理是基础功能，包括图像捕捉、特征识别和增强渲染等。这些过程涉及复杂的数值计算，如矩阵变换、几何变形和光线追踪。数值方法在此过程中用于优化算法性能，确保图像处理过程既快速又精确，以实现无缝地将虚拟对象集成到真实世界中。物体跟踪与空间定位是 AR 技术的核心，它要求精确计算物体在三维空间中的位置和方向。

这通常依赖于复杂的传感器数据处理和滤波算法，如卡尔曼（Kaiman）滤波器和粒子滤波器，这些都涉及数值密集型的计算过程，数值方法在这些过程中用于提供稳定和准确的结果。

数值方法在 VR 中的应用包括三维建模和渲染、物理仿真和交互。VR 技术的核心是创建一个沉浸式的虚拟环境，这需要复杂的三维建模和渲染技术。三维模型的创建和场景渲染涉及大量的几何计算和光影处理，数值方法在此过程中用于计算模型的几何属性和模拟光线效果，以确保渲染出的场景真实生动。在 VR 中，用户交互体验的真实性在很大程度上依赖于物理仿真的准确性，如模拟碰撞、重力和其他物理效果。数值积分和微分方程的解法在这些仿真中扮演着关键角色，它们可以帮助用户创建符合物理规律的动态效果，增强用户的沉浸感。

数值方法在 AR 技术和 VR 技术的开发中，不仅确保了技术的高性能和高精度，也极大地提升了用户的体验。随着这些技术的不断进步，未来的 AR 和 VR 体验将更加真实，数值方法将继续在优化算法和处理流程中发挥核心作用。

8.2.5 数值方法在机器人技术中的应用

机器人技术是一个快速发展的领域，涉及自动化设备和系统在各种环境中执行复杂任务的能力。在机器人设计、控制和应用中，数值方法起着核心作用，特别是在动态规划、路径规划和实时控制等方面。

动态规划是解决优化问题的一种方法，它在机器人路径规划和任务规划中非常有用。通过数值方法，机器人可以优化其行为策略，以达到最佳性能或最小化能耗。在机器人导航和移动中，确定最优路径是一个核心任务。数值方法如 A* 搜索算法、迪杰斯特拉（Dijkstra）算法和贝尔曼－福特（Bellman-Ford）算法等被用来计算从起点到终点的最短路径（考虑各种可能的障碍和限制条件）。这些算法的效率和准确性直接影响机器人在复杂环境中的表现。在机械臂和其他工业机器人的应用中，运动控制的精确性至关重要。数值方法被用来解决涉及力和运动方程的复杂优化问题，如逆运动学和动力学分析,以实现精确的位置控制和动作平滑。

机器人在执行任务时需要快速做出决策并对环境变化做出反应。数值方法在这些快速决策过程中扮演了关键角色。在自动驾驶车辆和移动机器人中,碰撞检测是保证安全的基础。数值算法用于实时计算机器人与环境中其他对象之间的距离和潜在接触点,以快速决定避障策略。机器人通过传感器收集数据来感知周围环境。数值方法在处理和解释这些传感器数据中非常重要,如使用卡尔曼滤波和粒子滤波等算法对位置和移动速度进行估计。

数值方法在机器人技术中提高了机器人的性能,使其在复杂环境中能够执行更精确的任务,并提供更好的服务。随着机器人技术的不断进步,数值方法在算法开发和系统优化中的作用将更加突出,预计未来机器人将在更多领域展现出类似人类的灵活性和适应性。

8.2.6 数值方法的综合应用与未来展望

数值方法是现代科技发展中的关键组成部分,它们在各领域中的应用已经展示了其强大的影响力和广泛的适用性。从机器学习到机器人技术,从普通计算到高性能计算,数值方法提供了解决复杂科学问题和工程问题的必要工具。

数值方法在多个科学和工程领域中起到了核心作用,主要体现在以下几方面。

(1)提高精确度与效率:在科学研究和工程设计中,数值方法使得计算和模拟更加精确和高效,从而加速了技术创新和科学发现的过程。例如,在气候模型和粒子物理研究中,数值方法可以帮助科学家处理庞大的数据集和复杂的方程。

(2)扩展问题解决的范围:通过使科学家和工程师能够处理以前无法解决的问题,数值方法显著扩展了研究和应用的边界。在材料科学、生物医学和环境科学等领域,这些方法是探索新材料、新药和环境管理策略的基础。

（3）促进跨学科研究的发展：数值方法的通用性使其成为连接不同科学领域的桥梁，通过提供统一的方法，促进了跨学科研究的发展。这种研究方式在解决如气候变化、全球健康等复杂全球性问题时显得尤为重要。

数值方法的未来发展将受到计算能力的增强、算法的创新、数据隐私和安全、教育和资源普及这几方面的影响。随着计算能力的持续增强，特别是量子计算的潜在突破，数值方法的应用将更加广泛和深入。这将使更复杂的模型和更大规模的数据集得以处理，推动科学和技术的发展。算法的持续创新是推动数值方法发展的关键因素。新算法将提高计算的准确性和效率，尤其是在优化、自动化和人工智能集成等方面的进步，将使数值方法在解决实际问题时更加有效。随着数值方法在处理敏感数据方面的应用增加，如何保护数据隐私和安全成为未来发展的重要挑战。这需要在算法设计和系统实现中加入更多的安全措施。为了充分利用数值方法的潜力，需要在全球范围内提高相关教育和资源的普及度。这包括提升数值方法的教育水平，以及使更多的研究人员和开发人员能够获取 HPC 资源。

数值方法作为现代科技不可或缺的组成部分，将继续在科学研究和技术开发中发挥关键作用。通过不断的技术创新和跨学科应用，数值方法将帮助人类开启科学探索的新篇章。

8.3 数值方法在生物信息学中的应用

生物信息学是一个交叉学科，它结合生物学、计算机科学和数学来分析和解释生物数据，尤其是在基因组学、蛋白质组学和代谢组学等领域。数值方法和线性代数在生物信息学中的应用极为广泛，它们可以帮助科学家处理大规模数据集，揭示生物过程的复杂机制。

8.3.1 数值方法在基因组序列分析和蛋白质结构预测中的应用

基因组序列分析是生物信息学中的一个核心领域，它涉及从 DNA 序列中提取信息，以识别基因的位置、功能以及它们之间的相互作用。序列比对是基因组序列分析中的基础任务，其目的是识别两个或多个 DNA 序列之间的相似性。这一过程涉及大量的数值计算，尤其是在处理整个基因组的比对时。使用动态规划算法，如史密斯－沃特曼（Smith-Waterman）算法和内德勒曼－温施（Needleman-Wunsch）算法，可以高效地找到最佳比对。这些算法通过建立一个分数矩阵来计算序列之间的最大相似性，这是解决此类问题的数值方法的典型应用。一旦完成序列比对，下一步是识别特定序列中的基因和其他功能元素。这通常涉及统计模型和机器学习方法，如隐马尔可夫（Markov）模型和支持向量机，这些方法都依赖于数值优化技术来预测基因的位置和功能。

蛋白质结构预测是生物信息学中的另一个重要领域，它可以帮助科学家理解蛋白质如何通过其结构来执行生物功能。数值方法在蛋白质三维结构预测中扮演着关键角色。例如，分子动力学模拟用于模拟蛋白质在原子级别上的动态行为，这需要进行大量的力学计算和能量优化。通过数值积分和微分方程的求解，科学家可以模拟蛋白质在不同环境下的折叠过程和结构变化。一旦蛋白质的结构被预测出来，下一步是确定其可能的生物学功能。这通常涉及使用图论和网络分析的数值方法，分析蛋白质之间的相互作用网络，预测它们在生物过程中的作用。

数值方法在生物信息学中具有关键作用。它们不仅提高了数据处理的效率，还提升了科学研究的精确度和深度，使得人们能够更好地理解生物系统的复杂性。

8.3.2 数值方法在代谢组学和系统生物学中的应用

代谢组学和系统生物学是生物信息学的两个重要分支，专注于研究生物体内的代谢途径和系统层面的生物过程。在这些领域，数值方法不仅有助于解析复杂的生物数据，还支持构建和模拟生物网络，从而揭示细胞内的动态变化和病理状态。

代谢组学涉及测量和分析生物体内所有代谢物的种类和浓度，这对于理解生物体的功能状态和代谢途径至关重要。

（1）代谢物定量分析：在代谢组学中，准确测量代谢物的浓度需要利用化学分析技术如质谱和核磁共振谱。数值方法在这些技术中用于信号处理和数据解析，例如，通过峰值检测算法和定量积分计算来确定代谢物的浓度。这些过程涉及复杂的数值优化和统计分析，以确保数据的准确性和可重复性。

（2）代谢途径建模：利用从代谢组学实验中获得的数据，科学家可以构建代谢途径模型，这些模型通常用于模拟特定条件下的代谢反应。动力学模型，如基于米氏动力学的方程，通过数值方法求解，可以预测代谢物如何在不同环境下变化，揭示潜在的生物学机制。

系统生物学致力于整合不同的生物学数据，通过构建全面的生物网络模型来研究生物体的整体功能。在系统生物学中，构建基因、蛋白质和代谢物之间的互动网络是一个常见的应用。这些网络通常通过图论中的算法来分析，包括节点中心性、聚类系数和路径长度等指标的计算。数值方法在此过程中用于处理大规模网络数据，以确保计算的效率和准确性。数值方法在模拟生物网络的动态行为中非常关键，特别是在使用常微分方程或偏微分方程来描述网络中各种生物分子的动态变化时。例如，使用龙格-库塔法等数值积分技术可以帮助科学家理解在特定刺激下网络如何响应，以及疾病状态下的网络行为变化。

8.3.3 数值方法在功能基因组学和表观遗传学中的应用

功能基因组学和表观遗传学是探索基因表达调控和遗传信息在不同环境下如何被激活或抑制的科学领域。这些领域的研究依赖于精确的数值分析方法，以处理和解释大规模的基因组数据和复杂的生物信号。

功能基因组学集中于研究基因和蛋白质的功能及其在生物过程中的作用，这通常涉及大量的基因表达数据分析和基因功能预测。在功能基因组学中，分析基因表达模式是理解基因功能的关键。利用如微阵列和 RNA 测序（RNA-seq）技术收集的数据，数值方法如聚类分析、主成分分析和差异表达分析被广泛用来识别在特定条件下活跃的基因。这些技术依赖于复杂的统计模型和机器学习方法，用以从海量数据中识别有意义的生物标记和表达趋势。数值方法的另一个重要应用是基于表达数据推断基因间的相互作用网络。这通常涉及计算基因表达数据的相关性或因果关系，使用如图模型或贝叶斯网络等数值方法。这些分析可以帮助科学家揭示基因调控网络的结构，预测基因敲除或异常表达对细胞功能的影响。

表观遗传学研究遗传信息表达的变化，这些变化不涉及 DNA 序列的改变，而是通过化学修饰如甲基化或乙酰化来实现的。表观遗传修饰的分析需要精确的数值方法来处理复杂的生物化学数据。例如，通过质谱或芯片技术获得的数据需要通过数值分析来定量测定特定位点的甲基化水平。统计测试和回归分析等数值方法被用于分析修饰模式与基因表达、疾病状态之间的关联。与基因网络类似，表观遗传调控网络也可以通过数值模型来构建。这些模型考虑了表观遗传标记、转录因子和 RNA 之间的相互作用，用以描述复杂的调控机制。动态系统模型和机器学习方法在此类分析中被用来预测网络在不同生物学条件下的行为。

8.3.4 数值方法在转录组学和蛋白质组学中的应用

转录组学和蛋白质组学是研究生物体内所有 RNA 分子和蛋白质的组成、结构和功能的科学领域。这些领域的研究依赖于先进的数值方法来处理和分析大量的生物数据，以揭示基因表达的调控机制和蛋白质的功能。

转录组学关注 RNA 分子的表达，包括 mRNA、非编码 RNA 等，其研究有助于人们理解基因如何在不同的生物过程和疾病状态中被调控。RNA 测序技术生成的数据量巨大，其分析通常需要复杂的数值方法来处理。这包括读序对齐、表达量估计和差异表达分析等步骤。数值优化技术和统计模型，如期望最大化算法和贝叶斯推断，被用来准确估计基因表达水平，并识别在特定条件下表达变化显著的基因。单细胞 RNA 测序技术提供了在单个细胞水平上分析基因表达的能力。数值方法在此过程中用于处理高维数据和稀疏矩阵，常用方法包括主成分分析和 t 分布随机邻域嵌入等，这些方法可以帮助科学家从单细胞数据中识别不同的细胞类型和表达模式。

蛋白质组学研究涉及蛋白质的鉴定、定量和功能分析，旨在揭示蛋白质如何影响生物体的生理和病理状态。蛋白质质谱技术是研究蛋白质组学的主要工具，它通过测量蛋白质和肽段的质量来进行蛋白质的鉴定和定量。数值方法在此过程中用于质谱的峰值检测、肽段匹配和蛋白质定量。特别是在处理复杂样本时，如多重标记定量和定量误差分析，数值优化和算法的准确性至关重要。在研究蛋白质的功能和相互作用时，构建和分析蛋白质的相互作用网络是数值方法的一个重要应用。数值方法在这里用于计算网络中的节点中心性、社区结构和网络动态性。这些分析有助于揭示蛋白质如何在不同的生物学过程中协同作用。

8.3.5 数值方法在疾病研究和生物药物开发中的应用

疾病研究和生物药物开发是现代医学领域中极为重要的两个方向，这些研究依赖于精确的数值分析方法来解析复杂的生物数据，从而发现病理机制和开发新的治疗方法。

疾病研究致力于解析疾病的基因和分子机制，以及这些疾病如何影响人体的不同系统。这通常涉及大规模的基因组、转录组和蛋白质组数据分析。在遗传病和复杂疾病（如心脏病、糖尿病等）研究中，识别与疾病相关的基因是一个关键任务。数值方法，特别是统计遗传学中的多变量回归分析、联合分析和路径分析，被广泛用于分析大规模的基因组数据，找出潜在的疾病基因。这些分析依赖于复杂的数值优化和模型拟合技术，以确保结果的可靠性和准确性。利用机器学习和深度学习的数值方法，研究人员可以从医学影像数据、临床试验数据和患者记录中识别出疾病的早期标志物。例如，通过分析医学影像数据，可以使用模式识别技术来早期诊断癌症和神经退行性变性疾病。

生物药物开发涉及新药的设计、优化和临床前评估，这些过程需要精确的计算模型来预测药物的效果和副作用。药动学/药效学模型是评估新药性能的关键工具，它们通过模拟药物在体内的吸收、分布、代谢和排泄过程来预测药物的动态行为。这些模型通常基于复杂的微分方程，数值方法如数值积分和微分方程求解被用于模拟药物在体内的行为，这有助于优化剂量和减少副作用。在生物药物开发中，蛋白质工程和分子模拟是设计靶向药物的关键技术。利用分子动力学模拟和基于结构的药物设计技术，科学家可以在分子层面上优化药物分子与其靶标的相互作用。数值方法在这里用于计算分子间的作用力和能量，预测药物分子的结合亲和力与选择性。

数值方法在疾病研究和生物药物开发中的广泛应用，不仅增强了科学家处理和分析大规模生物数据的能力，还深化了人们对疾病机制的理解。

8.4 数值方法在临床试验设计和个性化医疗中的应用

在现代医疗实践中，临床试验设计和个性化医疗是确保治疗方法既安全又有效的关键环节。数值方法在这些领域中的应用至关重要，不仅提高了临床试验设计的精度，还支持了针对个体患者状况的定制治疗方案。

临床试验是新药或新治疗方法研究中的一个必不可少的步骤，它确保了所研究的药物或治疗方法既有效又安全。在临床试验中，数值方法用于设计试验和分析数据，以确保获得科学严谨的结果。这包括使用生物统计学方法确定样本大小、计算试验的统计功效，以及应用复杂的随机化和盲法设计来减少误差。这些计算通常涉及高级的概率论和统计模型，以确保试验结果的可靠性和有效性。试验完成后，数值方法用于解析数据，包括应用多变量分析、回归分析和生存分析等技术来评估治疗效果。元分析广泛使用数值技术，将多个独立研究的结果进行综合分析，以提供更广泛的治疗效果评估。

个性化医疗旨在根据个体的基因、环境和生活方式差异来定制治疗方案，以提供更精确的医疗服务。在个性化医疗中，数值方法用于分析患者的基因组数据，识别与疾病相关的遗传标记。这包括使用复杂的算法来处理大规模基因测序数据，如全基因组关联分析和次世代测序数据分析。这些分析依赖于精确的数值计算，以识别疾病风险和可能的治疗靶点。利用数值方法，医生可以预测患者对特定药物的反应，这是通过分析药物的代谢途径和患者特有的遗传变异来实现的。药动学/药效学模型在此过程中被用来估计药物的效果和副作用，以帮助医生为患者选择最合适的药物和剂量。

数值方法在临床试验设计和个性化医疗中的重要作用，不仅提高了医疗研究的精度，还有助于实现针对个体患者的定制化治疗，推动了医疗实践的革新和进步。随着数值分析技术的进一步发展，预计未来在更多领域内实现高效临床试验和个性化医疗将成为可能。

8.5 复杂系统模拟与微分方程的应用

8.5.1 学生评价系统的构建 [①]

已知部分学生的平时成绩如表 8-1 所示。

表 8-1 部分学生的平时成绩

学生编号	1	2	3	4	5	6
期中成绩/分	100	72	81	91	100	100
考勤成绩/分	86	99	87	92	95	95
课堂成绩/分	90	70	70	90	80	100
作业成绩/分	31	50	43	96	68	30

将表格中的期中成绩、考勤成绩、课堂成绩和作业成绩分别用 t、x、y 和 z 表示，在以期中成绩为横坐标、考勤成绩为纵坐标的坐标系中，将数

[①] 李新云,孟国艳,银润龙.基于几何模型的评价系统构建[J].忻州师范学院学报,2022（5）：10-15.

据绘制上得到图 8-1。

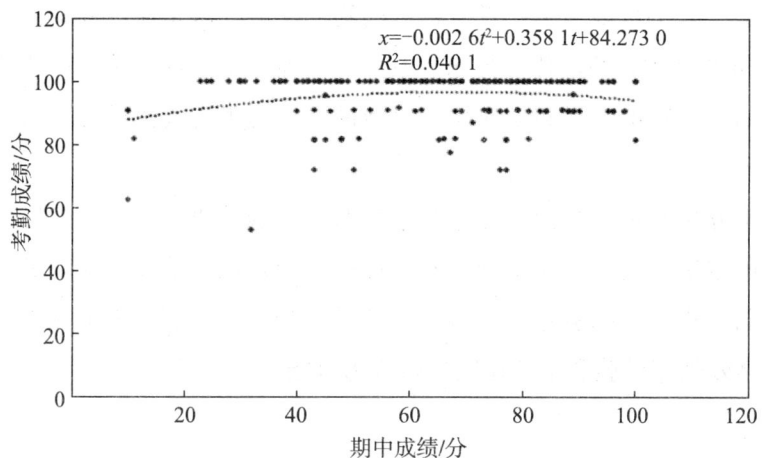

图 8-1　考勤成绩与期中成绩的关系图

在以期中成绩为横坐标、课堂成绩为纵坐标的坐标系中，将数据绘制上和得到图 8-2。

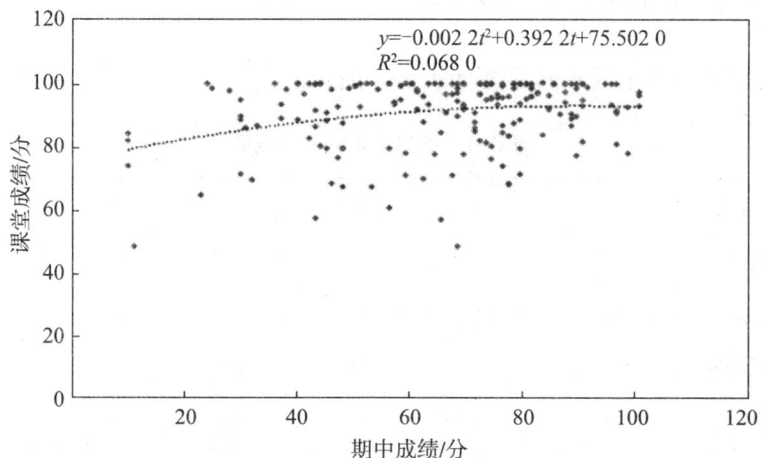

图 8-2　课堂成绩与期中成绩的关系图

在以期中成绩为横坐标、作业成绩为纵坐标的坐标系中，将数据绘制上得到图 8-3。

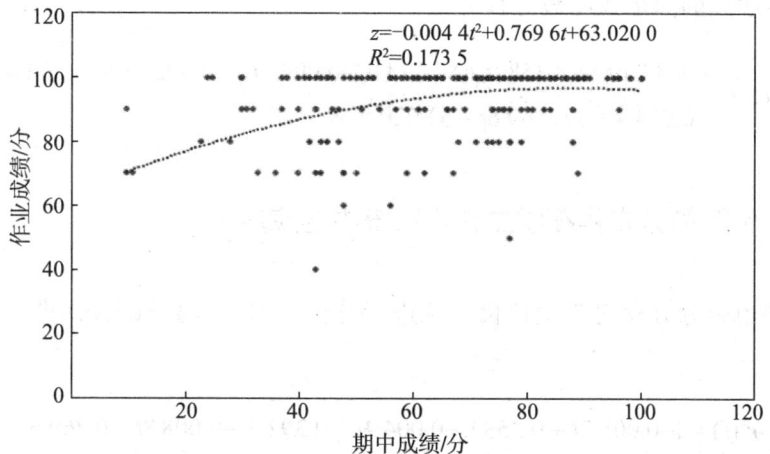

图 8-3 作业成绩与期中成绩的关系图

根据三个图像可得坐标系参数方程为

$$\begin{cases} x(t) = -0.002\,6t^2 + 0.358\,1t + 84.273\,0 \\ y(t) = -0.002\,2t^2 + 0.392\,2t + 75.502\,0 \\ z(t) = -0.004\,4t^2 + 0.769\,6t + 63.020\,0 \end{cases}$$

处理后可得学生评价系统的三维几何模型为空间曲线,如图 8-4 所示。

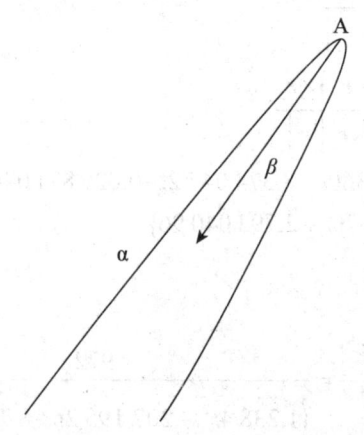

图 8-4 学生评价系统的几何模型图

该曲线的向量式参数方程为

$$r(t) = \begin{Bmatrix} -0.002\,6t^2 + 0.358\,1t + 84.273\,0, -0.002\,2t^2 + 0.392\,2t + 75.502\,0, \\ -0.004\,4t^2 + 0.769\,6t + 63.020\,0 \end{Bmatrix}$$

8.5.2 微分方程在学生评价系统中的应用①

利用微分方程对学生评价系统进行分析,向量函数 $r(t)$ 对 t 进行求导,可得

$$r'(t) = \{-0.005\,2t + 0.358\,1, -0.004\,4t + 0.392\,2, -0.008\,8t + 0.769\,6\}$$

模为

$$|r'(t) \times r''(t)| = \frac{9.72}{10^4}$$

由此可见该曲线为平面曲线。

曲线上任意一点的基本向量分别为

$$\alpha = \frac{|r'|}{|r'|}, \gamma = \frac{r' \times r''}{|r' \times r''|}$$

$$\beta = \gamma \times \alpha = \frac{(r' \times r'') \times r'}{|r' \times r''||r'|}$$

$$\beta = \lambda(t)\{0.095\,360t - 8.374\,047\,2, -0.029\,871\,04t + 2.163\,142\,72, \\ -0.041\,413\,76t + 2.793\,040\,96\}$$

曲线上任意一点的曲率为

$$k(t) = \frac{|r' \times r''|}{|r'|^3} = \frac{972}{(1.238\,4t^2 - 207.195\,2t + 8\,742.690\,0)^{\frac{3}{2}}}$$

---

① 李新云,孟国艳,银润龙.基于几何模型的评价系统构建[J].忻州师范学院学报,2022(5):10-15.

当 t 的值取 $\dfrac{207}{2\times 1.238\,4}$ 时，曲率最大，此时对应的点为曲线的几何顶点。将其代入曲线方程，可得几何顶点的坐标为 $x\approx 96.03, y\approx 92.91, z\approx 96.61$，对应的主法向量为 $\beta \approx \{-0.474, -0.391, -0.788\}$。

参考文献

[1] 孙伟亮,赫德亮,何本国,等.超深基坑稳定性分析与控制[M].北京:中国铁道出版社有限公司,2022.

[2] 赵教练.线性代数[M].南京:南京大学出版社,2020.

[3] 朱祖超,林培锋,陈小平,等.离心泵内部流动数值分析及应用[M].北京:机械工业出版社,2019.

[4] 陈玉文,嵇绍春,钱树华,等.线性代数[M].2版.南京:南京大学出版社,2019.

[5] 管俊峰,姚贤华.水泥土桩复合地基特性的静动试验及数值分析[M].北京:中国水利水电出版社,2019.

[6] 刘三明.线性代数及应用[M].2版.南京:南京大学出版社,2018.

[7] 陈荣军,钱峰.线性代数及其应用[M].南京:南京大学出版社,2018.

[8] 谢洪阳.弹性地基板动力问题的数值分析[M].广州:世界图书出版广东有限公司,2013.

[9] 金浏,王仲实玉,李冬,等.钢管混凝土柱压-扭破坏尺寸效应细观数值分析[J].中国科学:技术科学,2024,54(4):747-760.

[10] 薛瑛杰,王尼娜,万德成.聚焦波下漂浮式风机气动特性数值分析[J].水动力学研究与进展A辑,2024,39(2):154-164.

[11] 王俊,张龙,王晓宇,等.ITER氦冷固态实验包层模块第一壁氢同位素双向输运数值分析[J].核化学与放射化学,2024,46(2):125-130.

[12] 胡冲，孙魁，彭懿.基于数值分析的汽车罐车防波板使用研究[J].特种设备安全技术，2024（2）：14-15.

[13] 娄洪峻,苏栋,林星涛,等.超大直径盾构下穿高铁路基的沉降数值分析[J].深圳大学学报理工版，2024，41（3）：377-386.

[14] 郑世燕，施妍汐，谢超俊，等.电偶极子电场的数值分析[J].廊坊师范学院学报（自然科学版），2024，24（1）：54-57，91.

[15] 王鲁，李斌，易魁，等.滑坡涌浪作用下弧形闸门动力响应数值分析[J].水电能源科学，2024，49（4）：151-154.

[16] 张宏武.网络环境下问题导向教学模式的探索与实践：以"数值分析实验"课程为例[J].科教导刊，2024（9）：103-105.

[17] FU Z Q，L X X. The absence of singular continuous spectrum for perturbed Jacobi operators[J]. Acta Mathematica Scientia，2024，44（2）：515-531.

[18] 范丽丽，曾山，赵杰梅，等.数字化赋能在"数值分析"课程思政中的应用初探[J].互联网周刊，2024（3）：70-72.

[19] 许云霞，雷学红.严格对角占优 L- 矩阵的预条件 Jacobi 迭代法[J].高师理科学刊，2024（1）：1-4.

[20] 李俊玲，冯男，许建强.应用型本科"数值分析"线上线下混合式教学设计[J].科技风，2024（2）：139-141.

[21] 官心果，钟宇，余泉，等.Gauss-Weierstrass 算子线性组合在 Orlicz 空间的加 Jacobi 权逼近[J].石河子大学学报（自然科学版），2023，41（6）：780-784.

[22] 赵金玲，张超，常乐.面向研究生创新能力培养的数值分析课程教学改革与实践[J].大学数学，2023，39（6）：10-16.

[23] 吴硕琳，李亚娟，邓重阳.基于 PIA 的非均匀三次 B 样条曲线 Hermite 插值[J].计算机学报，2023，46（11）：2463-2475.

[24] 张天云，陈奎.工科专业数值分析实验环节教学设计[J].兰州工业学院学报，2023，30（5）：150-152.

[25] 吴景珠，樊舸，邢秀芝，等.数值分析课程思政教学案例[J].周口师范学

院学报，2023，40（5）：106-110.

[26] 陈丽娟，李明珠，马鸿洋. 数值分析"四项融合"教学改革研究与实践 [J]. 高教学刊，2023，9（24）：133-136.

[27] 文立平，杨经纬. 含 Caputo-Fabrizio 分数阶算子的非线性刚性泛函微分方程 Runge-Kutta 方法的稳定性 [J]. 湘潭大学学报（自然科学版），2023，45（4）：8-17.

[28] LEI L Z, MA Y T. Large deviations for top eigenvalues of β-Jacobi ensembles at scaling temperatures[J]. Acta Mathematica Scientia, 2023, 43（4）: 1767-1780.

[29] 熊焱. 数值分析课程教学设计策略探究 [J]. 产业与科技论坛，2023，22（13）：167-168.

[30] 张建华，赵静. 新工科背景下研究生数值分析课程教学改革探索 [J]. 高教学刊，2023（18）：146-149.

[31] 王根. 广义 Jacobi 恒等式与几何括号的刚性定理的证明 [J]. 山西大同大学学报（自然科学版），2023，39（3）：36-39.

[32] 陈丽，朱兴文，张朝元. 求解二维声波方程的高精度 Runge-Kutta 方法 [J]. 大理大学学报，2023（6）：20-23.

[33] HUANG K Y, SHI S Y, YANG S L. Differential Galoisian approach to Jacobi integrability of general analytic dynamical systems and its application[J]. Science China Mathematics, 2023, 66（7）: 1473-1494.

[34] 金洁茜，谢和虎，杜配冰，等. 基于双倍双精度施密特正交化方法的 QR 分解算法 [J]. 计算机科学，2023，50（6）：45-51.

[35] 武芳芳，陈欣，曲绍波，等. 混合式教学模式下研究生"数值分析"课程思政建设与实践 [J]. 教育教学论坛，2023（22）：104-107.

[36] 余翔，王钰轲，李忠旭. "现代数值分析方法"课程教学的改革与实践 [J]. 教育教学论坛，2023（20）：60-63.

[37] 陈素根. 融入课程思政的 Hermite 插值法教学设计与实践 [J]. 安庆师范大学学报（自然科学版），2023，29（2）：110-114.

[38] 张辉国，张孟娟，胡锡健. 变系数模型的稳健 LS-SVR 估计算法及数值分析 [J]. 计算机仿真，2023，40（4）：367-372.

[39] 郭巧，杨兵，吴昌广. 基于 Lagrange 插值的一类六阶收敛的改进平均值牛顿迭代法 [J]. 廊坊师范学院学报（自然科学版），2023，23（1）：8-12.

[40] 刘勇，杜伟章. 基于 Newton 插值的具有前向安全性的可验证多秘密共享方案 [J]. 微型电脑应用，2023，39（3）：139-141.

[41] 叶志，施武生，曾亚东，等. 基于对偶相切和 Lagrange 插值的高压光伏 MPPT 算法 [J]. 电源技术，2023，47（3）：393-397.

[42] 银鹤凡，王琦. 一类前向时滞微分方程 Runge-Kutta 方法的振动性 [J]. 湖南科技大学学报（自然科学版），2023，38（1）：116-124.

[43] 赵雁楠. 扩展的 Jacobi 椭圆函数展开法在求解 Chen-Lee-Liu 方程精确解中的应用 [J]. 延边大学学报（自然科学版），2023，49（1）：70-76.

[44] 吕志斌，秦东晨，朱强，等. 基于 Hermite 插值的管片拼装机轨迹规划 [J]. 机床与液压，2023，51（3）：162-166.

[45] 陈丽，张朝元，朱兴文，等. 基于 NAD 算子的三阶 Runge-Kutta 方法及波场模拟 [J]. 成都理工大学学报（自然科学版），2023，50（1）：122-128.

[46] 于晓晨，黄蓉. Hermite 插值在最大框架下的逼近误差 [J]. 天津师范大学学报（自然科学版），2023，43（1）：1-5.

[47] 杨翠平，王江珊，贾宏恩. Navier-Stokes/Darcy 模型的 BDF2 模块化梯度散度稳定格式的数值分析 [J]. 工程数学学报，2022，39（6）：941-956.

[48] 于晓晨，许贵桥. 精确华宁不等式与最佳 Hermite 插值结点组 [J]. 工程数学学报，2022，39（6）：969-978.

[49] 郝朋伟. 视频作业在数值分析重点章节的应用 [J]. 高教学刊，2022（34）：125-128.

[50] 周家林，刘惠龙，彭世丹，等. 孔型参数对热连轧优特圆钢质量影响的数值分析 [J]. 上海金属，2022，44（6）：92-100，107.

[51] 丁凤，夏又生. 基于 L_0 矩阵范数正则化的自然图像去反光算法 [J]. 福州

大学学报（自然科学版），2022，50（6）：729-736.

[52] 马维元，汤玉荣. 大数据驱动下数值分析课程的教学改革探讨 [J]. 大学：教学与教育，2022（9）：193-196.

[53] 李玉刚，吕建法，杨林，等. 基于 LS-DYNA 的瓦斯预抽钻孔煤岩破碎规律有限元显示动力学数值分析 [J]. 现代机械，2022（4）：49-53.

[54] 高忠社. 数值分析教学中融入多元文化精髓的实践探索 [J]. 文化创新比较研究，2022（22）：165-168，172.

[55] 马俊杰. "数值分析"课程教学中的"分而治之"思想 [J]. 科技风，2022（17）：100-102.

[56] 金素花，解加全，韩存弟，等. 移位 Bernstein 多项式算法对粘弹性梁的数值分析 [J]. 西北师范大学学报（自然科学版），2022，58（3）：31-36.

[57] 谢冰，鲁兴举. 信息化手段在"数值分析方法"教学中的应用探索 [J]. 教育教学论坛，2022（17）：157-160.

[58] 曾怡苗. 试谈常见数值分析方法在数学建模中的应用 [J]. 电脑编程技巧与维护，2022（4）：14-16.

[59] 傅守忠，令锋，孔丽英，等. 应用型本科院校数值分析教学改革与课程思政 [J]. 肇庆学院学报，2022，43（2）：6-9.

[60] 陈安，农丽娟，谢海. 数值分析课程中融入分数阶微积分的探索 [J]. 高教学刊，2022（4）：96-99.

[61] 张高锋，马艳，程龙，等. 基于四阶 Newton-Cotes 公式优化背景值的灰色自记忆模型研究及应用 [J]. 西北水电，2021（6）：22-25.

[62] 尤鸿明. 一类寄生虫感染的食饵-捕食者模型的数值分析 [J]. 泉州师范学院学报，2021，39（6）：52-56.

[63] 李燕，吴浩，沙翔，等. 一类非线性的带有变时滞的随机微分方程的数值分析 [J]. 中南民族大学学报（自然科学版），2021，40（6）：644-649.

[64] 李晓婷. 带初始弱正则性的时间分数阶 Navier-Stokes 方程的数值分析 [J]. 咸阳师范学院学报，2021，36（6）：6-10.

[65] 吕亚妮. 数值分析及数学软件在数学建模中的有效应用 [J]. 软件，2021，

42（11）：125-127.

[66] 张彦良，李阳，钟铭. 基于改进 Newton 插值的蓄电池组核容方法研究 [J]. 机电信息，2021（21）：20-21，24.

[67] 杨挺，孙兆帅，季浩，等. 基于矩阵范数优化理论的用电数据质量提升算法 [J]. 中国电机工程学报，2022，42（10）：3501-3511.

[68] 韩之楠，曹绍祯. 数值积分 Newton-cotes 公式误差估计证明、cotes 系数的计算及 Newton-cotes 公式局限性的具体分析 [J]. 电脑编程技巧与维护，2021（6）：9-12.

[69] 钟凯强，周建平，薛瑞雷，等. 一种采用 Lagrange 插值的相贯线简化算法 [J]. 热加工工艺，2021，50（15）：131-135，140.

[70] 周琦宾，吴静，余波. 一种基于 QR 分解的观测矩阵优化方法 [J]. 电子技术应用，2021，47（4）：107-111.

[71] 徐刚，向馗，唐必伟，等. 基于串联弹性原理和增广上三角分解辨识算法的踝关节阻抗估计方法 [J]. 工程设计学报，2020，27（5）：552-559.

[72] 陈佳伟，唐嘉. 求解广义特征值近似支持向量机的反幂法 [J]. 福建师范大学学报（自然科学版），2020，36（5）：11-15.

[73] 徐小平，徐丽，王峰，等. 基于 Lagrange 插值的学习猴群算法求解折扣 {0-1} 背包问题 [J]. 计算机应用，2020，40（11）：3113-3118.

[74] 田东霞. 向量范数与矩阵范数的相容性研究 [J]. 安阳工学院学报，2020，19（4）：89-91.

[75] 余越昕，文海洋，肖荣，等. 刚性脉冲微分方程 Runge-Kutta 方法的稳定性和收敛性 [J]. 湘潭大学学报（自然科学版），2020，42（2）：1-6.

[76] 孙芳美，高雅，吴嘎日迪. 积分型 Hermite-Fejér 与 Lagrange 插值算子在 Orlicz 空间内的逼近 [J]. 内蒙古师范大学学报（自然科学汉文版），2020，49（2）：111-117.

[77] 薛士敏，刘冲，刘存甲，等. 直流配网下基于线性方程组系数逆矩阵范数估计的单端测距原理 [J]. 中国电机工程学报，2020，40（5）：1443-1452.

[78] 陈集懿，何涛，胡洁. 基于 Hessian 矩阵范数正则化方法的共聚焦图像复

原[J]. 计算机系统应用, 2020, 29（2）: 228-232.

[79] 于妍. 两类Gauss消去法算法复杂性比较[J]. 科学技术创新, 2020（5）: 38-39.

[80] 张雄, 黄卫华, 陈劲峰. 基于反幂法和扩展卡尔曼滤波的姿态估计算法[J]. 计算机工程与设计, 2020, 41（1）: 100-106.

[81] 陈素根. 数值分析课程中Lagrange插值法的教学与设计[J]. 安庆师范大学学报（自然科学版）, 2019, 25（3）: 99-104.

[82] 沈艳, 尹金姗. 基于Newton-Cotes求积公式的GM(1,1)模型优化研究[J]. 应用科技, 2019, 46（4）: 26-31.

[83] 黄敬频, 毛利影, 王敏. 偶数阶Newton-Cotes公式误差新估计[J]. 大学数学, 2019, 35（3）: 94-97.

[84] 朱瑞, 张根根, 肖飞雁, 等. 求解分数阶延迟微分方程的卷积Runge-Kutta方法[J]. 应用数学, 2019, 32（3）: 643-650.

[85] 赵亚龙, 鲁宝春, 张敏霞, 等. 基于Newton插值的光伏最大功率跟踪技术研究[J]. 辽宁工业大学学报（自然科学版）, 2019, 39（3）: 159-163.

[86] 骆志纬. 多延迟向前型微分方程Runge-Kutta方法的数值稳定性[J]. 岭南师范学院学报, 2018, 39（6）: 30-39.

[87] 梅铁民. 基于反幂法和卡尔曼滤波的自适应语音去混响方法[J]. 信号处理, 2018, 34（7）: 776-786.

[88] 李兆玉, 马东亚, 唐宏, 等. 认知网络中基于三角分解的干扰对齐算法[J]. 系统工程与电子技术, 2018, 40（6）: 1371-1377.

[89] 张旭, 吴嘎日迪. Lagrange插值和Hermite插值在Orlicz空间内的逼近[J]. 应用数学, 2018, 31（1）: 237-242.

[90] 苏尔. 矩阵前主子式的三角分解改进[J]. 计算机科学, 2017, 44（11A）: 148-153.

[91] 徐杨杰, 王艳, 严大虎, 等. 基于Newton插值与混合灰狼优化SVR的RFID定位算法[J]. 系统仿真学报, 2017, 29（9）: 1921-1929.

[92] 纪少波, 赵盛晋, 程勇, 等. 内时钟采集时域缸压信号转角度域的方

法[J].上海交通大学学报,2017,51(1):57-61.

[93] 吴荣腾.多核与多GPU系统下的一种矩阵三角分解并行算法[J].闽江学院学报,2016(5):65-71.

[94] 鲁庆男,刘仲.一种基于Matrix的QR分解向量化方法[J].计算机工程与科学,2016,38(2):210-216.

[95] 刘晓杰,李春祎.基于QR分解的MIMO-OFDM系统信道估计降噪方法[J].无线电工程,2016,46(1):34-38.

[96] 包志强,贾富伟,朱少彬.FPGA实现基于施密特正交化的自适应算法[J].电子科技,2015,28(9):1-5,10.

[97] 刘耀峰,杨喜,舒婷.基于QR分解的Duffing系统Lyapunov指数求解方法[J].吉首大学学报(自然科学版),2014,35(1):58-62.

[98] 张祖凡,李余,杨静,等.结合三角分解和SLNR的同频干扰抑制算法[J].系统工程与电子技术,2014,36(1):167-172.

[99] 范东光,陈小雕,连晔.图像的自适应三角分解法[J].杭州电子科技大学学报,2013,33(6):99-102.

[100] 韩亮亮,叶平,孙汉旭,等.基于QR分解的冗余度机械臂雅可比矩阵求逆方法[J].软件,2013,34(11):64-66,85.

[101] 赵艳宇.Gauss消去法[J].电大理工,2013(2):51-52.

[102] 谢显中,徐冰,雷维嘉,等.三小区环境中基于三角分解的低复杂度干扰对齐算法[J].电子与信息学报,2013,35(5):1031-1036.

[103] 胡小平,彭涛,左富勇.一种基于多项式和Newton插值法的机械手轨迹规划方法[J].中国机械工程,2012,23(24):2946-2949.

[104] 胡晶地,苏化明.Newton-Cotes数值求积公式渐近性的注记[J].数学的实践与认识,2012(11):172-175.

[105] 魏春艳,朱清芳.基于Matlab的Newton插值实验课的教学探讨[J].洛阳师范学院学报,2012,31(5):80-83.

[106] 顾江永.矩阵的三角分解与应用[J].吉首大学学报(自然科学版),2012,33(1):23-25.

[107] 陈家琪，严梓乘. 一种 Newton 插值的 RFID 室内定位改进算法 [J]. 计算机系统应用，2012，21（1）：45-48.

[108] 石斌斌，王展，钱林杰，等. 一种基于分块下三角分解的子空间 GNSS 抗干扰方法 [J]. 国防科技大学学报，2011，33（2）：157-162.

[109] 李琳，袁修久，赵学军. 柯西矩阵的三角分解及应用 [J]. 高等学校计算数学学报，2011，33（1）：90-96.

[110] 苏敏文，刘光萍，吕钱英，等. 改进的 Gauss 消去法在成矿预测模型中的应用 [J]. 地质找矿论丛，2009，24（1）：69-72.

[111] 韦渤. Gauss 消去法求解线性方程组的改进 [J]. 科协论坛，2007（8）：23-24.

[112] 韩玲展，方明. 一种基于乘幂法的信号子空间快速求解算法 [J]. 广东技术师范学院学报，2006（6）：47-49.

[113] 陆芳，邢志勇，林生森. 反乘幂法 MMSE 信道缩短均衡器设计 [J]. 军事通信技术，2006，27（3）：39-42.

[114] 胡尧，罗文俊. 改进 Gauss 消去法求解线性方程组 [J]. 贵州大学学报（自然科学版），2004，21（2）：127-131.

[115] 刘彬清，任亚娣. Newton-Cotes 数值求积公式的渐近性 [J]. 上海大学学报（自然科学版），2002，8（6）：503-506.

[116] 陈建兵，敖鸿斐. 乘幂法求矩阵特征向量与特征值的初始向量及循环控制 [J]. 数学的实践与认识，2001，31（2）：148-152.

[117] 李晔，李秀娟，白浩. 用 Gauss 消去法求解大型稀疏方程组的改进算法 [J]. 郑州工业高等专科学校学报，2001，17（1）：7-9.

[118] 孙夕平，杜世通. 乘幂法在地震属性分析中的应用 [J]. 物探化探计算技术，2000，22（4）：316-321.

[119] 魏焕彩，郑修才. 实正规阵乘幂法的改进 [J]. 工科数学，1999（3）：133-136.

[120] 包玉兰. 复化 Newton-Cotes 积分公式及其误差估计 [J]. 内蒙古民族师院学报（自然科学版），1997，12（2）：135-137.

[121] 张青,苟国楷,吕崇德.乘幂法的改进算法[J].应用数学与计算数学学报,1997,11(1):51-55.

[122] 李磊.快速并行乘幂法及反幂法[J].计算数学,1995(3):253-259.

[123] 李云山.反乘幂法的收敛性分析[J].华东师范大学学报(自然科学版),1985(2):33-39.